雷竹林分

覆盖雷竹笋

雷竹笋

高节竹笋

毛金竹笋

白哺鸡竹笋

红哺鸡竹笋

淡竹笋

桂竹笋

刚竹笋

方竹（上）及
方竹笋（下）

雷竹高效培育示范基地

雷竹种源试验基地

富硒雷竹笋高产培育示范基地

雷竹覆盖林地温度监测

雷竹试验林春笋发笋情况

科技人员现场讲解丛枝病识别及防治技术

雷竹特色产业教学视频录制现场情况

教育部科技下乡活动中，
科技人员送雷竹培育技术下乡

雷竹培育技术培训班

雷竹林地覆盖材料筛选试验基地

雷竹林地覆盖前浇水

雷竹林地覆盖施工现场

雷竹林地覆盖：下层稻草厚15cm、
上层砻糠厚15cm

覆盖材料清理不及时的林分情况

林地覆盖试验

雷竹扶贫基地竹笋采挖情况

挖笋用的笋锹

采挖的雷竹覆盖子笋

花秆雷竹种源试验林

细叶乌稍雷竹种源试验林

规划造林效果图

项目示范基地雷竹
绿色食品证书

雷竹叶样

太阳能灭虫灯安装情况

太阳能灭虫灯安装和使用情况

介壳虫危害雷竹

雷竹丛枝病

雷竹煤污病

江西红壤区雷竹笋用林
高效安全经营技术

王海霞　程　平　曾庆南　编著
彭九生　高　璜　郑育桃

中国林业出版社

图书在版编目（CIP）数据

江西红壤区雷竹笋用林高效安全经营技术／王海霞等编著.
--北京：中国林业出版社，2021.4

ISBN 978-7-5219-1112-1

Ⅰ.①江… Ⅱ.①王… Ⅲ.①竹笋-蔬菜园艺 Ⅳ.①S644.2

中国版本图书馆 CIP 数据核字（2021）第 073087 号

中国林业出版社·林业分社

责任编辑：李敏　　　　电话：（010）83143575

出版　中国林业出版社（100009　北京市西城区德胜门内大街刘海胡同 7 号）
　　　http：//www. forestry. gov. cn/lycb. html
发行　中国林业出版社
印刷　河北京平诚乾印刷有限公司
版次　2021 年 4 月第 1 版
印次　2021 年 4 月第 1 次
开本　880mm×1230mm
印张　5.75
字数　179 千字
定价　49.00 元

前　言

雷竹 *Phyllostachys praecox* 'Prevernalis' 原产浙江临安、余杭一带，是我国传统的优良笋用竹种，富含多种人体必需的稀有营养物质，具有适应性强、出笋早、笋期长、笋产量高、笋味美、营养价值和商品价值高等特点，作为食物资源在我国已有悠久的历史。近年来雷竹笋供不应求，赣东北地区借助区域和市场优势大面积引种雷竹，产出的鲜笋鲜嫩脆甜、全笋可食，鲜笋外被一层薄薄的黄泥，深受江浙市场欢迎，逐步树立了"黄泥雷竹笋"的品牌，且市场份额日益扩大，发展前景良好。

雷竹是我国重要笋用竹种，也是集约经营程度最高、经营效益最高的竹种。近年来，由于原产区浙江雷竹种植土壤严重退化，雷竹笋品质和数量急剧下降，加之劳动力成本不断攀升，雷竹产业向浙江周边地区转移。

江西是我国重点产竹区，非常适合雷竹生长，劳动力成本较低，且毗邻消费市场，成功地承接了产业的转移。

然而，由于江西地处红壤区，与原产区在土壤和气候上存在着较大差异，因此，原产区的种植技术在江西省表现出严重的水土不服，在实际生产过程中，存在两方面的问题：一是缺乏优良种质和优质种苗；二是雷竹经营投入高、产出低，且林分易早衰，经营不可持续。

为此，本书编著者以江西红壤区种植的雷竹笋用林为研究对象，结合江西笋竹产业生产实际，从江西红壤资源入手，系统分析江西红壤资源及特点、笋用竹资源及产业发展现状，坚持科学与实用相结合的原则，开展江西红壤区雷竹笋用林高效、安全经营技术研究。主要研究内容包括：江西红壤资源、土壤肥力特征及开发利用现状、江西雷竹产业概况、雷竹在江西红壤区的生长发育特征、雷竹笋用林造林与抚育技术、林分结构调整、水分管理、养分调节、林地覆盖及病虫害防治技术等，构建江西红壤区雷竹笋用林高效、安全经营技术体系，为产业发展提供科技支撑。

本书可作为江西省雷竹研究、雷竹笋生产技术、管理人员及从业者的主要参考用书。

编著者

2020 年 12 月

目　录

第*1*章

红壤资源及现状

红壤（red soil）发育于热带和亚热带雨林、季雨林或常绿阔叶林中，在高温高湿条件下，土壤中矿物遭受强烈的分解和盐基淋失，发生生物富集和脱硅富铁铝化风化作用发育而成的红色铁铝土。

1.1 红壤及其特性

1.1.1 红壤主要特征

红壤的主要特征是缺乏碱金属和碱土金属而富含铁、铝氧化物，盐基高度不饱和、酸性，通常呈红色和黄色，因其在土壤发生和生产利用上有共同之处，统称为红壤系列、铁铝土纲或富铝化土壤（本书采用"红壤"称谓）。

红壤中四配位和六配位的金属化合物很多，包括铁化合物及铝化合物。其中，铁化合物常包括褐铁矿与赤铁矿等，赤铁矿尤其多。当雨水淋洗时，许多化合物都被洗去，而氧化铁（铝）不易溶解（溶解度 10^{-13}％），反而会在结晶生成过程中一层层包覆于黏粒外，并形成一个个的粒团，不易受雨水冲刷。

在植被生长比较茂密的情况下，红壤剖面以均匀的红色为其主要特征，一般分为 A、B、C 三层。A 层厚 20~40cm，暗棕色，腐殖层厚10~20cm；B 层为铁铝淀积层，厚 0.5~2m，呈均匀红色或棕红色，紧实黏重，呈核块状结构，常有铁、锰胶膜和胶结层出现，因而分化为铁铝淋溶淀积层（BS）与网纹层（Bsv）等亚层（S 铁铝 v 网纹层）；C 层包括红色风化壳和各种岩石风化物，呈红色、橙红色，另外，在 B 层之下，有红色、橙黄色与灰白色相互交织的"网纹层"。

1.1.2　红壤主要类型

根据红壤成土条件、富集成土过程、属性及利用特点可划分为红壤、棕红壤、黄红壤、山原红壤、红壤性土等 5 个亚类。

红壤：具有红壤土类中心概念及赋予的典型特征，大部分已开垦利用，是红壤地带重要的农林垦殖基地。表土有机质含量一般为 10~15g/kg，熟化度高的可达 20g/kg；一般养分含量不高，有效磷极少；pH 值 4.5~6.5；黏重，保水保肥力差，耕性较差，有酸、黏、瘠薄的特性。

棕红壤：分布于中亚热带北部，气候温暖湿润，干湿交替，四季分明，是红壤向黄棕壤过渡的一个红壤亚类。上层厚薄不一，主体构型多为 Ah–Bst–Cs 型。A 层暗棕色至红棕色；B 层红棕色，少量铁锰斑，底土有铁锰胶膜；C 层如为红色风化壳可达一至数米，如为基岩者则较薄。黏土矿物以高岭石为主伴生着水云母；黏粒硅铝率 SiO_2/Al_2O_3 为 2.8~3.0，SiO_2/R_2O_3 为 2.0~2.3，风化淋溶系数（ba 值）0.2~0.4（红壤<0.2）；pH 值 6.0 左右；铁的活化度 30%~70%，盐基饱和度 40%~60%；故而棕红壤的富铝化作用强度不如红壤，但比黄棕壤强。

黄红壤：主要分布于红壤带边缘低山丘陵区，在山地垂直带中，上与黄壤相接，下与红壤相连，水分状况比红壤湿润；在较湿热条件下，盐基易淋失，氢铝累积，土呈酸性，pH 值 4.9~5.8，比红壤略低；黄红壤的富铝化发育程度较红壤弱，土体中铁铝量稍低，硅量稍高，黏粒的硅铝率为 2.5~3.5；黏粒矿物除高岭石、水云母外，尚有少量蒙脱石，黏粒较红壤低；盐基饱和度和交换性钙镁较红壤低；剖面呈棕色或黄棕色。

山原红壤：分布于海拔 1800~2000m 的云贵高原上，受高原气候和下降气流焚风效应深刻影响，有别于江南丘陵上的红壤。山原红壤土体干燥，土色暗红，土体内常见铁磐；黏土矿物以高岭石为主；伴有三水铝石；黏粒的硅铝率 SiO_2/Al_2O_3 为 2.2~2.3；pH 值 5.5~6.0，盐基饱和度 70%左右；铁的活化度 60%~65%，富铝化程度不如红壤。

红壤性土：分布于红壤地区低山丘陵，与铁铝质石质土及铁铝质粗骨土组成复区。其特点是：土层浅薄，具有 A（B）C 剖面，色泽较淡，B 层薄或缺失，未缺失时呈红棕或棕红色。

1.1.3 与其他土类的区别

1.1.3.1 与黄棕壤的区别

黄棕壤系北亚热带地带性淋溶土，淋溶黏化较红壤明显，但富铝化作用不如红壤强而具弱度富铝化过程。黏粒的 SiO_2/Al_2O_3 为 2.5~3.3，黏土矿物既有高岭石、伊利石，也有少量蒙脱石，pH 值 5~6.7，盐基饱和度 30%~75%。

1.1.3.2 与黄壤的区别

黄壤比红壤年平均气温低且潮湿，故水化氧化铁和铁活化度较高（10%~25%），土呈黄色或橙黄色，黏土矿物因风化度低，故以蛭石为主，高岭石、水云母次之，有较多的针铁矿、褐铁矿。且有机质含量亦较高（50~100g/kg）。

1.2 我国红壤资源概况

红壤是世界上分布最广的土壤之一，是人类赖以生存的重要土地资源，分布在非洲、亚洲、大洋洲及南美洲、北美洲的低纬度地区，大致以南北纬30°为限，常见于热带雨林区。欧洲特别是在地中海东岸和巴尔干半岛地区也有类似于红壤的土壤存在。我国北起长江沿岸，南抵南海诸岛、南沙群岛，东迄台湾，西至云贵高原及横断山脉的范围为红壤的重要分布地。红壤是粮食生产和热带、亚热带林木及作物的重要生产基地，总面积约 64 亿 hm^2，占世界陆地总面积的 45.2%。红壤地区人口总数约 28 亿，占全球人口总数的 48%。

1.2.1 我国红壤资源分布特点

我国热带、亚热带地区（10°~30°N）广泛分布各种黄色或红色的红壤。分布范围北起长江、南至南岭山地和台湾北部、西部包括云贵高原中北部及四川盆地南缘，包括广东、广西、海南、云南、贵州、福建、江西、湖南、浙江、台湾 10 省（自治区），以及安徽、湖北、江苏、四川、重庆、西藏和上海 7 省（自治区、直辖市）的部分区域，总面积约 218 万 km²，约占全国国土总面积的 22.7%，耕地面积约占全国耕地总面积的 28%，该区域内人口约占全国总人口的 40%。

由于该地区降水丰沛，土壤淋溶作用强，故钾、钠、钙、镁积存少，而铁、铝的氧化物较丰富，故土壤颜色呈红色，一般酸性较强，土性较黏。

我国红壤在分布上表现出明显的水平地带、垂直地带及相性规律性。红壤水平分布自南向北依次分布砖红壤、赤红壤、红壤和黄壤 4 个土壤纬度带。据李庆逵（1983）等研究，我国红壤在不同的水平地带内垂直分布表现不同：从地面到山顶砖红壤地带依次为砖红壤—山地赤红壤—山地黄壤—山地表潜黄壤—山地灌丛草甸土，赤红壤地带依次为赤红壤—山地红壤—山地黄壤，红壤地带依次为红壤–山地黄壤—山地黄棕壤—山地灌丛草甸土；红壤相性分布，由东往西又依次为赤红壤、红壤/黄壤及山原红壤 3 个不同的经度带。

此外，还有燥红土、紫色土、石灰土和水稻土等。燥红土主要分布于海南西部和云南元江河谷地，石灰土主要分布于广西、云南、贵州等地。

1.2.2　我国红壤地区自然资源特点

1.2.2.1　水热资源特点

红壤地区受季风气候所控制，一般具有高温多雨、干湿季明显的特点。在作物生长季节（4～10 月），光、热、水资源量占全年总量的 70%～86%，既有利于作物的生长，又有利于多熟种植。尽管降水量大，但时空分布不均，限制了农业生产。降水大部分集中在 3～6 月，且多暴雨，不仅浪费了大量的水资源，且常常引起水土流失，同时，春季多雨也影响了冬季作物的成熟和收获。7、8 月蒸发量大，降水量减少，水热不同步，因此，经常出现季节性干旱问题，影响作物生长。

1.2.2.2　植被资源丰富

红壤地区植被类型多样，森林面积 1089 万 hm²，但分布极不均匀，主要集中在西南山区，中部丘陵地区森林面积很小。从现有植被类型和植物区系分析，原生植被属亚热带中生性常绿阔叶林。由于人为活动的干扰，植被有逆向演替的趋势。

1.2.2.3 土壤类型多样

红壤地区的地势为西高东低，山地、丘陵与平原之比大体为 7∶21。本区耕地 2800 万 hm^2，占总面积的 13.6%；林业用地 90 万 hm^2，占总面积的 44.1%；牧业用地 800 万 hm^2，占总面积的 3.9%。

1.2.3 我国红壤资源利用现状

与世界同纬度地区相比，我国红壤在自然资源生产潜力方面具有得天独厚的优势，光热充足、生长季节长，适于发展亚热带经济作物、果树和林木，且作物一年可两熟至三熟，是我国热带、亚热带经济林果、经济作物及粮食生产的重要基地，是稻米、茶、丝、甘蔗的主要产区，山地还盛产杉树、油桐、柑橘、毛竹、棕榈等经济林木。

我国对红壤资源的利用，就经营方式而言，目前正处于农业转型阶段，即由沟谷型农田转为立体开发型，由单一作物转向农林果复合配置，由粗放耕作转为用养结合、集约经营。

从种植结构来看，耕地复种指数缓慢提高；耕地中旱地面积减少，水田面积增加；粮食作物在总播种面积中的比例逐年下降，经济作物比例则逐年上升，尤其是进入 20 世纪 90 年代，在市场经济的推动下，农业向高产、优质、高效的方向发展，经济作物比例快速上升。

从现有生产力看，由于肥料、农药、技术和经费的不断增加，品种、耕作和生产技术等不断改进，生产设施和条件的不断改善，我国粮油产量均有大幅度提高。

1.2.4 我国红壤资源存在的问题

1.2.4.1 退化严重，总体质量不高

随意开发、重用轻养、砍伐森林等导致红壤大面积退化，造成水土流失严重；长期以来，农业生产活动主要局限于丘间、盆地和沟谷地区，而对于面积比沟谷大 2~4 倍的低丘红壤的利用重视程度不够，种养不平衡和掠夺式经营导致养分含量下降，土壤 pH 值呈持续降低

趋势，这不仅造成土壤质量下降，而且还提高了一些有害物质的活性，如铬等重金属。第二次全国土壤普查资料显示，我国东南丘陵地区的土壤肥力大多处于中下水平，且林地、旱地土壤的贫瘠化程度更严重。

1.2.4.2 人多耕地少，人地关系紧张

红壤地区耕地为 2800 万 hm^2，占全国总量的 28%。而生活在该区域内的人口接近全国的 40%，人均土地面积仅 0.49hm^2，约为全国平均水平的 1/2，人均耕地 0.067hm^2，比全国人均水平低 1/3。近年来，随着人口的增加和城市化、工业化进程加快，我国红壤地区呈现出人增地减的趋势；同时随着人民生活水平的提高，对农产品需求呈日益增加趋势，导致人地关系日趋紧张。红壤区农业生产力水平依然很低，各业发展也不平衡，加之人口增长的压力，红壤纵深开发的生境平衡依然存在滞后现象。

1.2.4.3 生产经济条件较好，但产投比降低趋势明显

东南部红壤丘陵区经济条件较好，但随着该区人口的增加，土地资源开垦无度，森林面积急剧下降，生物多样性降低，植被出现逆向演替，不少名特优农林产品退化或濒临灭绝；气候的年际与季节变异突出，旱、涝、冻害频率、强度增大；由于覆被破坏、利用不合理以及乡镇工业的污染，导致了土壤侵蚀及其理化特性的恶化。而红壤的退化又对气候、水循环、生态环境等产生了一系列影响。这样互为因果，愈演愈烈，使整个系统陷入了恶性循环。

1.3 江西红壤资源概况

1.3.1 江西红壤资源分布特征

红壤是江西最有代表性的地带性土壤，江西是全国红壤集中分布最广的省份之一。

江西从海拔 800m 到 20～30m 的广大丘陵山地，主要都是红壤。以海拔 300m 以下的丘陵区面积最大，素有"红土地"之称，总面积 9.3 万 km^2，约占江西省土地总面积的 55.8%，集中连片分布，构成了边境山地与鄱阳湖平原之间的过渡地带。

成土母质主要为第四纪红色黏土、红砂岩、花岗岩、变质岩等风化物，江西红壤根据发育程度和主要性状，大致可划分为红壤、红壤性土、黄红壤等类型。

以红色黏土发育的红壤面积分布最广、数量最多，丘陵是这部分土地的"大本营"，多分布在海拔 100～300m 区域，主要分布于赣江、抚河两岸，吉泰盆地以及鄱阳湖滨，坡度平缓，有机质（3%～5%）和养分含量较高，土层深厚，坡度平缓，适宜多种农作物生长，面积占全省总面积的 41%，宜种面极广。

黄壤主要分布于山地中上部海拔 700～1200m 区域，常与黄红壤和棕红壤交错分布，土体厚度不一，自然肥力一般较高，适合发展用材林和经济林。面积约 2500 万亩，占江西总面积的 10%。

此外还有山地黄棕壤，而山地棕壤和山地草甸土面积则很小。非地带性土壤主要有紫色土，是重要旱作土壤；还有冲积湖积性草甸土、石灰石土，但面积不大。

1.3.2　江西红壤地区自然资源特征

全省气候温暖，降水丰沛，江河水网稠密，动植物遗传基因资源丰富，生物循环过程活跃，土地资源可更新能力强，具有优越的自然条件。

1.3.2.1　水热条件优越

江西气候属中亚热带温暖湿润季风气候，年均气温 16.3～19.5℃，一般自北向南递增。赣东北、赣西北山区与鄱阳湖平原，年均气温 16.3～17.5℃，赣南盆地则为 19.0～19.5℃。夏季较长，7 月均温，除省境周围山区在 26.9～28.0℃外，南北差异很小，都在 28.0～29.8℃。极端最高温几乎都在 40℃以上，成为长江中游最热地区之一。冬季较短，1 月均温赣北鄱阳湖平原 3.6～5.0℃，赣南盆地 6.2～8.5℃。全省冬暖夏热，无霜期长达 240～307d。日均温稳定超过 10℃的持续期为 240～270d，活动积温 5000～6000℃，非常适合竹类植物生长。

江西为中国多雨省区之一。年降水量 1341～1943mm。地区分布上是南多北少、东多西少；山地多，盆地少。庐山、武夷山、怀玉山和九岭山一带是全省 4 个多雨区，年均降水量 1700～1943mm。德安是少雨区，年均降水量 1341mm。降水季节分配不均，其中 4~6 月占42%~53%，降水的年际变化也很大，多雨与少雨年份相差几近 1 倍，二者是导致江西旱涝灾害频繁发生的原因之一。

1.3.2.2 动植物遗传资源丰富

江西是长江流域最重要的自然宝库，是我国稀有野生动植物资源较多的省份，"十三五"期间森林面积 1053.8 万 hm^2，森林覆盖率稳定在 63.1%，孕育和保护了丰富的野生动植物遗传资源。全省已发现野生脊椎动物 600 余种、高等植物 5000 余种，其中珍稀濒危树种 150 余种、动物近 90 种。竹林是江西森林资源重要的组成部分，全省现有竹林面积 104.5 万 hm^2、竹种 265 种，其中笋用竹种达 200 种以上。

1.3.3 江西红壤肥力特征研究

1.3.3.1 试验区概况

江西省位于长江中下游南岸，地理位置为113°34′~118°28′E、24°29′~30°04′N。属中亚热带北部湿润气候，江南丘陵区，年均气温 17.7℃，极端最低气温-10℃，年均降水量 1700mm，年均相对湿度 80%，年均无霜期 270d，年均日照时数 1972h。全省竹类面积 99.89 万 hm^2，广泛分布于全省垂直分布于各个海拔梯度，以海拔 1300m 以下最多。多为纯林，少数混交林。竹林土壤类型较多，林地坡度变化大、地形复杂，林下生物多样性极为丰富。本研究土壤取自全省 34 个竹类植物资源大县，位于 113°51′~116°13′E、24°~28°51′N 的广大地区，基本能反映江西竹林土壤肥力的基本情况。

1.3.3.2 研究方法

（1）样地设置

采用踏查和随机抽样相结合的方法，在江西省 34 个竹类植物主产县选取竹林集中连片面积 $100hm^2$ 以上的林分，在林分内设置 20m×20m 的样地，并在样地内挖 1.0~1.5m 深度土壤剖面，按土壤剖面和土壤层次对颜色、厚度、质地、结构、湿度、松紧度、腐殖质含量和植物根系分布等特征进行解析，用环刀法现场测定土壤容重。

（2）土样采集与处理

在样地内采集混合土样 1000g 左右，于实验室用水分快速测试仪测定土壤含水量，用扩散吸收法测定全 N 含量，用蒸馏法测定速效 N 含量，用重铬酸钾测试法测定有机质含量，用碳酸氢钠测试法测定速效 P 含量，用四苯硼钠比浊法测定速效 K 含量，用混合指示剂比色法测定土壤 pH 值。

1.3.3.3 结果分析

主要对土壤类型、成土母岩、土壤结构、土层厚度、腐殖质厚度、土壤容重、pH 值等主要物理性状指标进行调查分析。

（1）土壤类型

调查结果见表 1-1。

表 1-1 土壤主要类型和成土母岩情况　　　　　　　　样地个数

地　带		土壤类型				成土母岩			
		山地红壤	丘陵红壤	山地黄红壤	其他类型	砂岩	花岗岩	页岩	其他母岩
纬度（N）	25°以南	2	0	0	0	2	0	0	0
	25°~26°	9	0	0	0	7	1	1	0
	26°~27°	5	0	2	0	1	2	6	4
	27°~28°	0	6	2	6	0	5	2	1
	28°以北	0	0	2	0	1	1	0	0
经度（E）	113°~114°	0	1	1	2	0	2	1	1
	114°~115°	11	3	3	4	10	1	6	4
	115°~116°	5	2	1	0	1	5	2	0
	116°以东	0	0	1	0	0	1	0	0
海拔	300m以下	1	3	1	3	2	1	4	0
	300~500m	4	2	4	0	3	5	1	1
	500~800m	11	0	1	0	5	3	4	0
	800m以上	1	0	0	4	1	0	0	4

结果显示，江西竹林土壤类型主要有山地红壤、丘陵红壤、山地

黄红壤、山地黄棕壤、丘陵黄红壤、丘陵黄棕壤和山地乌沙土等共7个类型，各类型面积有较大差异，其中以山地红壤占总数的47.1%最多，其次为丘陵红壤17.6%，再次为山地黄红壤11.8%，其余4种类型较少，合占23.5%。

25°~28°N间土壤类型较为丰富，自南而北呈山地红壤—山地黄红壤—丘陵红壤—丘陵黄棕壤—山地黄棕壤的过渡趋势，这与中国东部海洋性气候土壤地带谱自南而北的分布相一致。

经度方向上土壤类型以114°~115°E之间较为丰富。

垂直梯度上，500m以下以丘陵红壤、山地红壤、山地黄红壤为主，500~800m之间主要为山地红壤，800m以上则以山地黄棕壤居多，其中山地红壤的垂直分布较广，自下而上总体呈丘陵红壤—丘陵黄红壤—山地红壤—山地黄红壤—山地黄棕壤的过渡规律。

（2）成土母岩

竹林土壤成土母质主要有砂岩、花岗岩、页岩、板岩和千枚岩等5种，以砂岩、花岗岩和页岩为主，分别占总数的32.4%、26.5%和26.5%。

25°~28°N间竹林土壤的成土母质较为丰富，25°N以南主要为由砂岩发育的山地红壤，28°N以北则多为砂岩、花岗岩风化而成的丘陵红壤和山地黄红壤。成土母质则自南而北呈砂岩—页岩—花岗岩—板岩及其他母岩的变化。

经度方向则以山地黄红壤和花岗岩分布较广，成土母岩以114°~115°E之间较为丰富，114°E以西和115°E以东地区较为单一。

垂直梯度上，成土母质以砂岩分布较广，其次为花岗岩和页岩，其中300m以下以页岩为主，300~500m之间以花岗岩为主，500~800m之间以砂岩为主，800m以上则以板岩为主。

（3）主要物理性状

由表1-2可知，江西竹林土壤结构有粒状、团粒状、粉粒状、黏粒状和块状等多种，其中以粒状和团粒状为主，合占总数70%以上。

土壤层次大多发育完整，绝大部分有4个层次（61.8%），极少数只有 2 个层次（14.7%），23.5% 的土壤有 3 个层次。

土壤质地以沙壤土、壤土和轻壤土居多，部分为黏壤土和轻黏土。腐殖质层厚度 1.0~20.0cm，平均 5.3cm。A、B 层厚度 35~98cm，平均 69.1cm。容重 0.82~1.24g/cm^3，平均 0.99g/cm^3。pH 值 4.5~6.0，平均 5.5。

表 1-2　土壤主要物理性状情况　　　　样地个数

地带		土壤结构		土层厚度（cm）	腐殖质厚度（cm）	土壤容重（g/cm^3）	pH 值
		粒状、团粒状	其他结构				
纬度（N）	25°以南	2	0	49.3	3.5	1.0	6.0
	25°~26°	8	1	71.9	5.1	1.0	5.4
	26°~27°	10	3	71.3	7.4	0.9	5.6
	27°~28°	7	1	71.1	3.3	1.0	5.7
	28°以北	1	0	65.0	3.0	1.0	5.8
经度（E）	113°~114°	3	1	70.2	3.4	0.9	5.2
	114°~115°	17	4	67.0	5.8	0.9	5.6
	115°~116°	7	1	75.6	5.5	1.0	5.4
	116°以东	1	0	57.0	3.0	1.1	5.5
海拔	300m以下	5	2	72.3	3.1	1.0	5.4
	300~500m	10	0	62.3	4.9	1.0	5.5
	500~800m	11	1	80.0	7.4	1.0	5.5
	800m以上	2	3	51.8	4.3	0.9	5.9

纬度方向上，整体以 25°~27°N 之间的土层和腐殖质层较厚，且土壤容重与 pH 值也较适中。经度方向则以土层厚度以 115°~116°E 之间最厚、其次为 113°~114°E 之间，最薄的是 116°以东地区，腐殖质层则中部较后、东西较薄，土壤容重自西向东有逐渐增加的趋势。土壤结构、pH 值及其他因子无明显水平地带性变化规律。

垂直梯度上，300~800m 间的土壤结构较好，质地较疏松，A、B 层和腐殖质层也较厚。土壤容重随海拔增高而递减。

（4）土壤养分

土壤养分情况见表1-3。

表1-3　土壤土壤养分情况　　　mg/100g土

地　带		有机质（%）	全N	速效N	速效P	速效K
纬度 （N）	25°以南	2.298	0.081	5.085	0.668	1.816
	25°~26°	3.284	0.181	4.847	0.473	2.25
	26°~27°	3.711	0.145	5.159	0.437	2.349
	27°~28°	3.815	0.163	4.146	0.318	2.324
	28°以北	3.735	0.136	6.132	0.291	2.296
	相关系数	0.72	0.22	0.79	-0.87	0.59
经度 （E）	113°~114°	3.983	0.176	5.077	0.398	2.212
	114°~115°	3.431	0.16	5.035	0.453	2.237
	115°以东	3.525	0.138	5.286	0.361	2.406
	相关系数	-0.61	-0.96	0.88	-0.56	0.98
海拔	300m以下	3.08	0.123	4.649	0.392	2.162
	300~500m	3.37	0.135	4.987	0.404	2.228
	500~800m	3.469	0.135	5.614	0.423	2.286
	800m以上	4.467	0.288	5.672	0.48	2.514
	相关系数	0.93	0.85	0.95	0.96	0.92
	均值	3.521	0.156	5.106	0.422	2.279
	变幅	1.455~6.187	0.073~0.693	3.302~8.509	0.216~0.912	1.725~3.975

总体上，江西竹林土壤呈酸性至微酸性，有机质含量一般，全N、速效N、速效P和速效K含量偏低。由此可见竹林在经营过程中，要获得较理想产量，合理施肥是重要举措。

（5）土壤养分地带性变化规律

①水平地带性：总体呈现出有机质、速效N含量自南而北呈递增，而速效P呈递减趋势，全N、速效K含量呈不规则变化。从西到东有机质、全N含量逐渐递减，而速效K则明显递增。土壤速效N含量中部高，速效P含量则反之。有机质和全N含量，以赣西和赣西南

竹林土壤较好，速效 N 和速效 P 水平，以赣东稍佳。

②垂直梯度：主要营养含量垂直地带性变化规律较为明显，有机质、全 N、速效 N、速效 P 和速效 K 含量都随海拔高度递增而递增，这可能是低海拔人为活动频繁，而高海拔人为活动较少所致，且随海拔增高混交林比例也逐渐增大，可见将毛竹纯林改造成合理比例的混交林能较好地改善土壤营养条件。

（6）不同立地条件竹林土壤养分变化规律

①不同成土母岩养分变化规律：一般母岩遗传给土壤的性状主要是物理性状，化学性状尤其是养分结构不存在直接遗传关系，但由于成土母质长期受气候、地理环境和人为活动影响，出现的生物演替类型不同，生物小循环作用效果各异，从而对土壤的发育产生不同影响，导致土壤有机质及腐殖质组成、转化和积累有所差异，因而表现出不同的土壤肥力。据表 1-4 看出，江西竹林土壤主要养分以板岩发育的土壤含量水平表现较优，花岗岩发育的次之，砂岩和页岩居中，且两者无明显差异，而千枚岩发育的土壤各主要养分含量水平普遍较低。

②不同土壤类型养分变化规律：分析表明，不同类型土壤主要养分含量也有较大差异。有机质、全 N 明显以山地乌沙土较高，山地红壤和丘陵黄红壤较低，速效 N 以山地黄红壤较高，丘陵红壤较低，速效 P 则以丘陵黄棕壤最高，山地乌沙土较低，各类型速效 K 差距不大，但以山地黄棕壤较好，山地乌沙土稍差。

总体上丘陵土壤各主要养分含量低于山地土壤，尤其丘陵黄红壤和丘陵黄棕壤 N 素水平较低，要提高林分产量，应加大 N 肥施肥量。

表 1-4　不同立地条件土壤养分变化情况表　　　mg/100g 土

项目	立地条件	有机质（%）	全 N	速效 N	速效 P	速效 K
成土母岩	砂 岩	3.08	0.124	4.844	0.472	2.078
	花岗岩	3.996	0.162	5.581	0.379	2.499
	页 岩	3.178	0.127	4.684	0.388	2.197
	板 岩	4.615	0.186	5.652	0.486	2.616
	千枚岩	2.792	0.095	5.335	0.248	1.899

（续）

项目	立地条件	有机质（%）	全 N	速效 N	速效 P	速效 K
土壤类型	丘陵红壤	3.26	0.135	4.555	0.277	2.161
	丘陵黄红壤	3.126	0.095	5.542	0.434	2.195
	丘陵黄棕壤	3.134	0.098	5.077	0.912	2.28
	山地红壤	3.112	0.125	4.799	0.438	2.178
	山地黄红壤	4.272	0.177	6.456	0.366	2.456
	山地黄棕壤	4.213	0.161	5.491	0.576	2.776
	山地乌沙土	5.819	0.261	6.136	0.216	2.135
地形	中山	0.631	0.201	5.754	0.43	2.607
	低山	3.363	0.153	4.986	0.415	2.221
	丘陵	2.802	0.11	4.857	0.454	2.135
坡位	上坡	4.501	0.175	5.189	0.355	2.096
	中坡	3.952	0.152	5.601	0.418	2.577
	下坡	3.079	0.128	5.116	0.481	2.286
	山脊	2.959	0.136	4.612	0.358	2.143
地貌	山坡	4.085	0.168	5.357	0.388	2.351
	山洼	3.528	0.134	6.922	0.252	2.165
	山沟	3.258	0.126	4.878	0.566	2.163
	山脊	2.81	0.136	4.645	0.362	2.065
坡度	缓坡	3.511	0.137	5.077	0.432	2.047
	斜坡	3.486	0.137	4.982	0.47	2.338
	陡坡	3.329	0.142	4.878	0.329	2.169
	不规则坡	3.983	0.168	6.08	0.309	2.452
坡向	西	4.23	0.172	5.35	0.47	2.568
	南	3.603	0.15	5.149	0.403	2.447
	东	3.213	0.13	5.19	0.422	2.104
	北	3.114	0.117	4.716	0.386	2.041

③不同地形、地貌土壤养分变化规律：江西竹林多分布丘陵、低山和中山三类地形，不同地形土壤养分含量差异明显。有机质、全 N、

速效 N、速效 K 含量均呈丘陵<低山<中山变化趋势,速效 P 则表现为低山<中山<丘陵,其变化情况基本与垂直地带性变化一致。

不同地貌土壤主要养分也有较大变化。有机质和速效 K 为山坡>山洼>山沟>山脊,全 N 和速效 N 有类似趋势,全 N 以山坡为高,山沟较低,速效 N 则以山洼较高,山坡次之,山脊最低。速效 P 为山沟>山坡>山脊>山洼。总体以山坡、山洼的土壤肥力较好,山脊和山沟较差。

④不同坡位土壤养分变化:由表 1-4 可知,有机质和全 N 随坡位从上至下依次递减,速效 P 依次递增。速效 N 则中坡较高,上、下坡次之且两者相当,速效 K 为中坡高,下坡次之,上坡较少。脊顶部的有机质、速效 N 最低,但全 N 略高于下坡,速效 P 和速效 K 略高于上坡。总体以中、上坡位土壤肥力较高,下坡位次之,脊顶部土壤肥力最差。一般下坡位土层较厚,但下坡位土壤肥力表现却次于中、上坡水平,可能是下坡位毛竹林土壤多处于山沟、山谷地带,土壤温度相对较低,土壤化学作用较慢,有效养分释放相对较少,且下坡位人为活动较频繁,竹材易砍伐,采伐强度大,必然消耗较多有效养分。

⑤不同坡向土壤养分变化:不同坡向林地吸收太阳光照有所不同,对土壤温度有显著影响,导致土壤养分水平有所差异。从表 1-4 可见,除速效 N、速效 P 南坡略低于东坡外,其他营养含量均呈西坡>南坡>东坡>北坡变化趋势,表明西坡土壤肥力普遍较高,南坡次之,北坡较差。这是由于南向林地多为阳坡,能接收较多太阳辐射,土壤增热快,土温较高,西坡的阳性虽然比南坡稍弱,但比东坡、北坡要强,且墒情较南坡要好,更有利于有机质的分解和有效养分的释放。北面林地多属阴坡,接收太阳辐射少,受热条件差,土温低,有机质分解转化慢,土壤有效养分积累也就较少。

⑥不同坡度、坡形土壤养分变化:坡度和坡形是立地条件中不可分割的重要因子。从表 1-4 看出,不同坡度、坡形土壤养分含量有一定差异,除速效 K 含量缓坡略低于陡坡外,缓坡和斜坡的土壤肥力均好于陡坡,且斜坡略优于缓坡。不规则坡形土壤主要养分含量高于规则坡形土壤。由此说明,坡度、坡形在一定程度上也是反映土壤肥力

的一个重要因素。坡度大，坡形陡而短，土壤受冲刷较剧烈，水土流失较严重，养分流失较大，土壤肥力也就较低。坡度小，坡形斜、缓而较长，土壤受冲刷相应较轻，养分流失较少，肥力水平必然较高。不规则坡形因有起有伏，能有效阻止水土流失和保持土壤养分，因而土壤肥力相应要好。

（7）竹林土壤肥力等级划分

土壤肥力是土壤众多性质的综合反映。根据土壤主要物理性状、养分水平和竹林表现，可以确定土壤肥力的等级。综合以上分析结果，可将江西毛竹林土壤肥力划分为肥沃、较肥沃、较贫瘠和贫瘠4个等级，其标准见表1-5。据此标准，将34个样地土壤归类，其中土壤肥力属肥沃的有2个，占5.9%；较肥沃的有14个，占41.2%；较贫瘠的有13个，占38.2%；贫瘠的有5个，占14.7%。上述结果说明江西竹林土壤贫瘠和较贫瘠的比例较大，改善土壤肥力是当前乃至今后较长时间江西毛竹生产中的一项艰巨任务。

表1-5　江西毛竹林土壤肥力等级　　　　　　　　　mg/100g

肥力等级	地形	土质	干燥度	腐殖质厚(cm)	土层厚(cm)	有机质(%)	全N	速效N	速效P	速效K	容重(g/cm³)	竹林生长情况
肥沃(I)	山谷、山麓或台地	疏松	湿润	>10	≥80	>5.0	>0.20	>6.0	>0.5	>3.0	<0.9	优
较肥沃(II)	低山或丘陵中下	较松	潮湿	6~10	≥60	4.0~5.0	0.15~0.20	5.0~6.0	0.4~0.5	2.5~3.0	0.9~1.0	良
较贫瘠(III)	低山或丘陵上部	较紧	较干	3~6	≥50	3.0~4.0	0.10~0.15	4.0~5.0	0.3~0.4	2.0~2.5	1.0~1.1	较差
贫瘠(IV)	低山或丘陵顶部	板结	干燥	<3	<50	<3.0	<0.10	<4.0	<0.3	<2.0	>1.1	差

1.3.3.4　结论

（1）江西毛竹林土壤主要以砂岩、花岗岩和页岩风化而成的山地红壤、丘陵红壤和山地黄红壤为主，且多具粒状、团粒状等较好土壤结构、质地较为疏松、土层较为深厚，层次大多发育较完整。土壤pH

值 5.5 左右，土壤容重适中，腐殖质层偏薄，有机质含量一般，全 N、速效 N、速效 P 和速效 K 含量偏低。

（2）江西毛竹林土壤有较强的地带性变化规律。总体以26°~27°N 和 114°~115°E 之间的成土母质与土壤类型较为丰富。土壤类型自南而北由山地红壤向山地黄红壤、丘陵红壤、丘陵黄棕壤、山地黄棕壤过渡，成土母岩由砂岩、页岩、花岗岩、板岩呈间断性分布。土层以 25°~28°N、115°~116°E 之间的较厚，土壤容重自西向东有逐渐增重趋势。有机质、全 N、速效 K 含量自南而北呈递增趋势，速效 P 则逐渐递减，速效 N 变化不规则。从西到东有机质、全 N 含量逐渐递减，而速效 K 则明显递增，速效 N 含量中部低、东西高，速效 P 则反之。垂直地带性变化从低到高呈现由丘陵红壤向丘陵黄红壤、山地红壤、山地黄红壤、山地黄棕壤的过渡分布规律，土壤容重随海拔增高而递减，有机质、全 N、速效 N、速效 P、速效 K 含量则均呈递增趋势。

（3）不同立地条件土壤主要养分含量有较大差异。总体以板岩成土母质、山地乌沙土和山地红壤、山坡和山洼、中坡或上坡位以及西坡的土壤肥力较好；花岗岩成土母质、丘陵红壤、山沟、下坡位和南坡的土壤次之；以千枚岩成土母质、丘陵黄红壤和丘陵黄棕壤、山脊和北坡的土壤肥力较差。

（4）江西毛竹林土壤肥力可划分为肥沃、较肥沃、较贫瘠和贫瘠 4 个等级，以较肥沃和较贫瘠等级为主，分别占 41.2% 和 38.2%。

（5）不同土壤肥力毛竹林经营对策要按照经济与生态效益并重原则，以促进林地可持续利用为基础，提高竹林产量和质量为重点，获取最大综合效益为目标，根据土壤肥力水平，切实制订竹林资源的总体发展规划和经营类型区划，规划资源的优化配置、布局与发展规模。同时，要加强技术创新，出台相关的配套政策，促进资源的高速发展和土壤肥力的良性循环，实现资源的高效利用和竹产业的持续发展。

（6）根据毛竹林生长特性及生长表现、土壤肥力、相关环境条件和生产发展需求，进行全面调查分析，科学论证并制订出竹林土壤肥力的等级标准及毛竹林地相应的肥力等级，以指导各地的毛竹生产。各地应根据区域特点和土壤肥力等级，制订相应的土壤改良计划、竹林经营规划和资源培育目标，以期在较短时间内使毛竹林土壤肥力得到有效改善，竹林结构得到合理调整，并提高竹林经营效益。

土壤肥力是确立竹林功能类型、经营类型的主要依据。应根据土壤肥力等级，合理区划竹林功能类型和经营类型，并制订出相应的规范技术规程和培育目标，进行科学分类经营，努力提高资源培育水平，使不同土壤肥力的林地得到均衡利用，实现以最小的投入获得最大的经济效益。目前，江西竹林资源整体质量不高，土壤肥力偏低和林地地力严重退化是其重要原因。因此，在积极改善土壤肥力和提高育竹水平的同时，应利用现代生态学理论和采用林地监控方法，研究胁迫毛竹林土壤肥力降低和地力退化的相关因素，探寻胁迫因子作用量与土壤肥力反应的相关规律，建立和不断完善毛竹林土壤肥力及地力变化的监测与预警机制，提出切实可行的毛竹林土壤肥力改良与地力恢复技术措施，以避免竹林生态系统的萎缩，强化竹林土壤可持续利用的后劲，促进资源的有序发展。

1.3.4 江西红壤开发利用情况

1.3.4.1 历史悠久

江西红壤开发利用至今已有 3000~4000 年的历史。南朝时的江西沃野垦辟，有"鱼稻之饶"的美誉，从公元 5 世纪初起，大量粮食沿长江东运，已成为南朝粮食的主要供应地之一了。到了唐朝，除粮食生产外，茶、麻之类的经济作物生产也有较大发展，浮梁茶叶在当时已是江西著名的商品了。到了宋朝，在南方奖励垦殖，使一些偏僻山区也因此得到开发，小麦种植普遍，茶叶、水果等均已著名。到明清时期，大量开荒，如明初江西荒地开垦面积曾达到 43 万 hm^2。

1949 年以前，由于战争，造成山林破坏，水利失修，水土流失，水旱灾害频繁，很多地方成为不毛之地。

1.3.4.2 开发利用方兴未艾

新中国成立以来，江西省的历届政府都把红壤资源的开发利用，当作一项伟大的事业来办，全省科研和生产部门通力合作，从 1950 年开始改造红壤的研究、试验、实践，几十年来一直没有中断过，累计开发红壤丘陵面积达 250 万 hm^2。红壤的开发利用也逐步深化，从单一改良土壤发展到注重整个自然条件的综合治理和改造，如土地平整，旱地改水田，轮、复、间、套作，立体种植、用养结合等。

近年来，在农业供给侧结构创新改革的条件下，全省对红壤资源开展了科学的、更大规模的开发利用。昔日的不毛之地"红色沙漠"，如今成为充满生机和活力的绿洲。水土流失开始得到控制，主要肥力指标土壤有机质含量已由 1.31% 提高到 1.8%，过去"晴天一块，雨天一包"的状况有了明显改善。为全省农村、农业发展注入了新的活力，推进了农业的长足发展，而且也必将促进农村经济、产业和农民素质的全面提高，加快我国乡村振兴的步伐。

1.3.4.3 开发潜力广阔

据有关部门调研资料显示，江西现有的荒山荒坡中，坡度较大的宜林荒山有 200 多万 hm^2，坡度较小、质量较好的宜农荒地约 60 万 hm^2，尚有 100 多万 hm^2 的草坡地没有得到很好的开发利用，且区位优势明显，公路、铁路、航空等交通网络发达，为红壤的开发利用奠定了坚实的基础。

如近年来兴起的笋用竹产业，就是借助赣东北地区的区位优势，将气候等自然条件、红壤特征与市场需求充分结合，在赣东北地区逐步形成了稳定的种植区 1.5 万 hm^2，单位面积效益超 30 万元/hm^2，为当地红壤开发树立了榜样。但是，不合理的利用，则会引起负面效应。

以江西省余江县为例，该县粮食单产增长幅度已远远落后于农业投入的增长幅度。引起这种现象的主要原因就是随着人口过快增长、经济加速发展和长期对土地资源的不合理利用而产生的生态与环境恶化和土壤肥力退化。

1.3.5 江西红壤开发存在的问题

1.3.5.1 利用结构亟待调整

从土地利用结构来看，耕地占土地总面积的 15.21%，林地占 46.53%，荒山荒地占 17.92%，水面占 9.98%，其他用地占 10.36%。

从种植结构来看，耕地复种指数高于全国而低于邻省水平，在耕地中旱地和水田的比例为 1：4；粮食作物的种植始终占主导地位，粮食生产中，水稻又占绝对优势，其他作物如小麦、薯类、大豆等仅占粮食作物播种面积的 10.4%，产量仅占粮食的 3.6%；经济作物如棉、油、麻等比例较小，自给水平低。

这种土地利用结构显然是不合理的，必须调整农业布局和种植业结构，改沟谷型为立体开发型，单一作物为农、林、果复合配置，粗放耕作为用养结合、集约经营。

1.3.5.2 土壤退化严重

红壤退化主要表现在以下四个方面：侵蚀红壤面积扩大、程度加剧；土壤肥力衰减，抗逆性差；红壤酸化、水稻土潜育化；污染加重、类型多样。上述几个问题相互影响，植被逆向演替、侵蚀加剧，引起肥沃表土流失；酸雨加速了土壤养分离子的淋失，同时释放铝离子和重金属等污染物；重金属污染降低土壤酶活性，促进了养分淋溶，这些都引起土壤肥力的退化；而土壤肥力的退化，又导致土壤和植物生态功能的失调，如土壤微生物和动物种群减少、功能衰退，植物物种流失，土壤元素生物循环减少，因此降低了土壤对退化过程的缓冲能力，加速了土壤的退化。

1.3.5.3 气候日益恶化

江西省原生的亚热带中生性常绿叶林仅零星残存于丘陵下部边缘和村落周围，20 世纪 80 年代植被由旱生性草质叶林向马尾松稀树草坡演替，由此造成旱涝灾害频次增加、山地灾害多发，受灾面积和灾害频次逐年递增。

江西省余江县 45 年的统计结果表明，气候有向冷、湿、少日照和旱涝年频繁交替变化的迹象，并且四者相关性达到显著水平（王明珠等，1997）。同时，季风气候的年际变异增大，导致灾害的频率和强度也愈来愈大。主要表现为：炎夏年与凉夏年频繁出现，干旱与洪涝频繁发生，冷冬年与暖冬年交替发生，作物生长发育临界温度的初终日益变大等。

第2章
雷竹产业概况

中国是世界上竹类资源最丰富的国家，全球现有竹类植物 70 属 1256 种，中国有 39 属 708 种，竹林面积 601 万 hm²，笋用竹种有 500 多种，笋可直接食用的竹种有 200 多种，品质优良的笋用竹有 50 余种，常见的有毛竹 *Phyllostachys edulis*、雷竹 *Phyllostachys violascens* 'Prevernalis'、方竹 *Chimonobambusa quadrangularis*、绿竹 *Dendrocalamopsis oldhami*、麻竹 *Dendrocalamus latiflorus*、黄甜竹 *Acidosasa edulis* 等，全国产笋的竹林超过 400 万 hm²，鲜笋年产量超 200 万 t。

江西省地处中亚热带，属江南丘陵区，典型的地带性土壤为红壤，是全国红壤集中分布最广的省份之一。同时江西地处中亚热带，气候温和，水热资源丰富，十分适宜竹类植物生长，是我国重点产竹区，截至 2020 年底，全省现有竹类植物 20 属 265 种，竹林面积 104.5 万 hm²，资源总量居全国第二，全省竹业产值 2018 年 299 亿元、2019 年 237 亿元、2020 年 294 亿元。截至 2020 年底，全省笋用林面积约 2 万 hm²，其中雷竹笋用林 1.37 万 hm²，全省竹笋年产量约 8 万 t，产值 24.7 亿元。

2.1 雷竹生长发育

雷竹（*Phyllostachys violascens* 'Prevernalis'）又名旱竹、早园竹、燕竹、雷公竹、天雷竹等，禾本科刚竹属竹种，是早竹（*Phyllostachys violascens*）的栽培种，原产于浙江临安、余杭一带。其笋期比早竹早半个月，早春打雷即出笋，故称之为"雷竹"。一般纯林栽培，集约经营（图2-1）。

2.1.1 雷竹主要形态特征

雷竹的地下茎属单轴型（图2-2），竹秆散生，分枝二叉（图2-3）。秆高6~10m。胸径4~8cm，节间长15~35cm。秆箨光滑无毛，有较密的褐斑，无箨耳及䌂毛，箨舌中度发达，两侧下延，叶反转皱折。雷竹新秆节下有一圈白粉环，近节下缩小变细，中部肿胀变粗，这种现象在培育好的竹林中较明显。雷竹每小枝多数5~6叶，多者可达9~10叶。竹叶狭小且瓦状卷曲。

笋味美，笋期早，持续时间长，产量高，是良好的笋用竹种，江浙农村常见栽培（图2-4）；秆壁薄，节间常向一侧肿胀，材性一般，

图2-1 雷竹林分

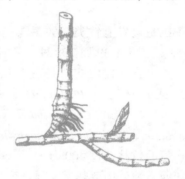

图2-2 竹鞭类型：单轴

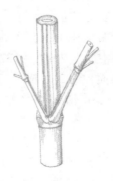

图2-3 分枝类型：二分枝

图2-4 雷竹笋

仅作一般柄材使用。

雷竹与早竹的主要区别有：①早竹的竹秆节间较均匀；雷竹节间的近节下部稍缩小，中部膨大变粗；用手捏住竹秆节间从上至下摸之，即可感觉。②早竹的新竹秆间被白粉，有的部分节有紫褐色；雷竹的新秆仅节下一圈有白粉环。③早竹的小枝上叶片一般 2~3 片、少数 5~6 片，叶片较大且平展；雷竹多数 5~6 片、少数 9~10 片，叶片狭小，且稍卷曲。

2.1.2 雷竹生长习性

雷竹性文雅，质脆弱，喜肥沃，怕积水，鞭细根少。2 月底至 3 月初惊蛰时节开始出笋，盛笋期 9~13d，笋期长 24~27d，竹笋高生长期 35~43d，3 月底至 4 月中上旬展枝、4 月中旬至下旬展枝、新竹生长，整个生长周期较原产地早 1 个月。6 月开始地下鞭生长，8 月开始笋芽分化，10~11 月有部分秋笋出土。雷竹以 1 年为一个周期，连年出笋。在年平均气温 15.3℃、年降水量 1400mm 的地区生长良好。在出笋期与笋芽分化期要求有充足的降水。其在江西的生长情况见表 2-1。

表 2-1 10 个雷竹栽培类型生长情况（2018 年惊蛰 3 月 5 日）

序号	竹种名称	初笋期（月.日）	出笋盛期（d）	末笋期（d）	笋期长（d）	高生长期（d）	展枝期（月.日）	展叶期（月.日）
1	细叶乌头雷竹（临安）	3.1	3.16~28	4.5	27	37	4.5~12	4.20~27
2	花秆雷竹	3.5	3.13~23	3.31	27	43	4.1~9	4.19~26
3	黄槽雷竹	3.5	3.10~20	4.1	28	43	3.31~4.5	4.12~22
4	安徽早竹	3.11	3.17~25	4.5	25	35	3.22~4.1	4.19~25
6	弯秆雷竹	3.5	3.13~20	4.1	28	41	3.22~4.1	4.19~27
6	玲珑土种	3.5	3.10~22	4.1	28	41	3.19~4.6	4.12~23
7	雷山乌	3.18	3.22~4.1	4.10	24	39	4.2~419	4.12~22
8	土早竹	3.16	3.20~28	4.8	24	30	4.5~4.15	4.12~19
9	青壳雷竹	3.6	3.12~20	4.1	27	40	3.24~4.5	4.12~24
10	细叶乌稍雷竹（弋阳）	3.9	3.15~25	4.3	26	39	4.5~4.12	4.20~29

雷竹能忍耐−13.1℃的低温，但大雪往往对雷竹造成很大的危害。主要原因是雷竹竹秆壁薄性脆，易遭雪压折断。

雷竹最适合生长于土层深厚肥沃、pH 值微酸至中性、排水良好、背风向阳的山麓平缓坡地或房前屋后平地，在河漫滩、半阳性缓坡也能较好生长，普通红壤与黄壤也适宜栽培，但在积水严重的低洼地、板结平地生长不良。

雷竹林的地下部分是横走的茎，俗称竹鞭，雷竹竹鞭单轴型散生（图 2-4）。竹鞭的节上分化出芽，芽膨大萌发成新的竹鞭或竹笋，竹笋膨大、出土后发育成竹。雷竹同所有散生型竹种一样，其林分是一个鞭长笋、笋成竹、竹又长鞭，鞭—竹相连的有机整体。林分中的竹株可以通过鞭根传递水分和养分，实现干物质在林分中的共享和再分配。

雷竹笋富含蛋白质（2.74%）、脂肪（0.52%）、糖类（3.54%）及植物甾醇、不饱和脂肪酸、黄酮类、必需氨基酸、硒、铷、锰等多种稀有营养及活性物质，组织幼嫩，笋味鲜甜、口感清脆别致，具有适应性强、年年出笋、出笋早、笋期长、产量高、笋味美、营养价值高和商品价值高等特点。雷竹笋作为食物资源在我国已有悠久的历史，在《本草纲目》《本草经》和《齐民要术》等古典名著中均有记载。近二十年来更是备受人们青睐，鲜笋及其产品市场供不应求。

2.2 江西省雷竹产业概况

雷竹原产于浙江余杭、临安一带，该区域有着食用和种植雷竹的习惯，种植面积一度接近 100 万亩。近年来，由于浙江地区雷竹林分大面积退化，雷竹笋品质、产量急剧下降，产品供不应求，价格一路上扬，江西、安徽、湖南、湖北、重庆等地雷竹种植如雨后春笋般相继发展，这其中，又以江西发展最为迅速。

近年来，由于雷竹笋市场价格居高不下，加之随着国家天然林保护、退耕还林等工程的深入实施，以及林业产权制度的改革，农民有了自己的林木和林地等生产资料，特别是林地的经营权，江西省东北部地区借助区域和市场优势，发展雷竹势头迅猛，群众经营雷竹的积极性空前高涨，据不完全统计，截至 2020 年底，全省雷竹种植面积近 20.8 万亩，种植面积逐年增加，打造出了"黄泥雷竹笋"的品牌，且品牌效益初显，雷竹产业已成为部分地方林业的主导产业，雷竹种植收入已成为部分地区农民的主要经济来源。

但是，虽然江西雷竹种植如火如荼，却由于存在缺乏技术、经营分散、产品供应不稳定等诸多问题，尤其是促笋增温基质研发滞后，控温能力低，增温效果差异悬殊，覆盖成本过高，施肥量大等问题，严重影响了雷竹笋的经营效益和产业健康发展。

雷竹原产浙江、临安、余杭等地是雷竹主产区，群众栽培和经营雷竹有较长的历史。覆盖生产冬笋鲜销是目前主产区雷竹生产的主要模式，经营程度有较高的集约水平，把雷竹笋作为蔬菜来生产和消费已成为传统习惯，尤其在林地覆盖、材料选择等方面有过不少探索和研究，有效促进了当地雷竹笋产业的长足发展。

2.2.1 雷竹原产地产业发展情况

20 世纪 80 年代，浙西北地区开始推广雷竹种植，以临安、余杭、德清等地海拔 500m 以下的丘陵、平原地带较多，其中，以临安发展规模最大。

浙江雷竹产业大致经历了起步、发展和衰退转型 3 个历程，目前正处于第三阶段，全省产业呈现出大面积林分退化、竹笋品质急剧下降、产量日渐萎缩的局面。

以临安为例，历史上雷竹制高点分别是种植面积 29 万亩（2004—2007 年），总产量 20.4 万 t（2007 年），总产值 8.86 亿元（2014 年），平均亩产值最高近 3 万元，给林农带来了丰厚的收益，也带动了当地经济的飞速发展，一度受到浙江省乃至国家相关行业管理部门的高度重视和大力支持。

1983 年初，临安全市雷竹种植面积 3000 亩，全市竹笋总产量为 150t，产值不足 10 万元。也是从这一年开始，临安启动推广雷竹种植，连续 7 年，雷竹种植面积每年以 1 万亩的速度新增，至 1990 年，全市雷竹种植面积发展到近 8 万亩，完成了临安雷竹产业的初始积累，奠定临安雷竹产业的发展基础。

1991—2007 年，是临安雷竹种植快速发展和提升的阶段。这期间，全市种植面积每年以 2 万亩的速度新增，至 2004 年达到顶峰，为 29 万亩，并一直维持到 2007 年。在此期间，临安地区开始对林地进行覆盖生产冬笋，在春节前后进行鲜销，售价较高，产量和效益也逐年攀升，极大地提高了林分效益。至 2007 年，全市鲜笋产量达 20.4 万 t（峰值，此后逐年下降），产值达 8.13 亿元，亩产均值也在这一年达到最高峰。

然而，2008 年，南方部分省区遭遇前所未有的雨雪冰冻灾害，浙西北地区遭受重创，临安也未能幸免。这一年，临安雷竹面积缩减至 26 万亩，产量降至 14.4 万 t。与此同时，由于长期大面积、高强度经营，林分土壤酸化、板结、病虫害蔓延等情况日益严重，竹鞭上行，竹株倒伏，林分开花、死亡等退化情况加剧，至 2016 年，全市退化林分超 10 万亩，竹笋品质、产量遭遇滑铁卢式的下滑，全市雷竹笋产量降至 12.9 万 t。

浙江省其他地区雷竹种植规模略小，比如德清 10 万亩，但发展历程与临安大同小异。2007 年德清雷竹种植面积达到最高值 10 万亩，同年也达到产值巅峰 4.53 亿元，如今大面积林分退化。

自 2008 年始，相关单位在浙江开展了一系列"覆盖栽培对笋用林衰退的生化他感效应""强度经营笋用竹林恢复"等研究，但依然阻止不了林分的快速衰退、竹笋产量的急剧下滑，而江西借此机会，特别是赣东北地区借助区位和市场优势，雷竹产业发展异军突起。

2.2.2 雷竹产业发展概况

江西雷竹种植，可粗略的划分为萌芽、初级、积累和快速发展四个阶段。

2.2.2.1 萌芽阶段

20 世纪 70 年代，一些从江浙来的农民，或者活动在江浙一带的老百姓，间或在房前屋后移栽雷竹（鞭），是江西雷竹种植的开端，在此期间，由于种植量极少，未进行相关情况统计。

2.2.2.2 初级阶段

20 世纪 90 年代，由于浙江雷竹种植效益优势凸显，为促进农村经济发展，经相关部门推动，江西鹰潭、吉安等地进行了一次较大规模的雷竹引种栽培，种植面积近 3000 亩。成林后，受当时交通运输及市场信息条件限制，产出的鲜笋难以输送到江浙等消费市场，难以产生经济效益，导致最终劳而无功。

2.2.2.3 积累阶段

21 世纪初，在经济、信息、技术等快速发展的推动下，以贵溪、万年、弋阳等为代表的赣东北地区充分借助市场和区位优势，在吸取前一阶段发展经验的基础上，第二次启动了雷竹种植，并有部分县市出台相关扶持政策，栽植面积缓慢增加。据不完全统计，至 2008 年全省种植面积发展到近 2 万亩。

2.2.2.4 快速发展阶段

自 2010 年开始，部分县市出台一系列鼓励政策，如新造雷竹林经验收合格后给予 600 元/亩不等的补助等，开启了江西省雷竹产业快速发展模式，种植大户、种植企业、合作社等如雨后春笋般涌现，种植面积、产量和产值飙升，至 2016 年底全省面积达 15 万亩，进入覆盖生产的林分超 4 万亩，2016—2017 年度鲜笋产量近 6 万 t，平均亩产值超 3 万元。如此可观的经济效益，致使群众经营雷竹的积极性空前高涨，政府发展雷竹的信心和决心也与日俱增，产业发展也取得了可喜的成绩。

弋阳县是江西雷竹快速发展的典型。弋阳雷竹林面积 10.8 万亩，可覆盖生产的林分 4 万余亩，先后获得中国雷竹之乡、全国林下经济示范基地县、森林食品基地等荣誉，初步打造出"江西黄泥雷竹笋"的品牌，助推产业向新的高度发展。江西其他地方雷竹林发展也在快速跟进，如万年、贵溪、东乡、余江、新余等地合计近 10 万亩，另外，婺源、吉安等地也有少量种植。

2.2.3 雷竹产业存在的主要问题

江西是我国重点产竹区，自然条件、政策环境优越，发展雷竹具有得天独厚的有利条件，覆盖培养的砻糠笋在江浙鲜销市场行情甚好，经济效益较高，发展雷竹种植是促进农村经济发展、农民致富的一个有效途径。

然而，江西省雷竹种植起步较晚，且以民间自发跟进为主，全省老百姓多照搬浙江的做法，造林用的母竹也以从江浙引进的雷竹为绝对优势种，种苗未经严格的检验检疫，有的甚至是从退化的林分中引进来，造成目前雷竹种植竹种单一，品种和产量、质量参差不齐，供笋季节集中、产品供应不稳定等诸多问题，不仅限制了产业的发展，严重影响了产业效益，也给经营者带来了较大的风险。同时，雷竹种原地竹林大面积衰退的局面，给江西省雷竹林分埋下了衰退的隐忧。

同时，江西省处于黄红壤区，大面积的红壤土，与浙江雷竹产区的黑壤土在 pH 值、结构、有机质及矿物质含量等方面有着较大的差异。在黑土上总结研发的雷竹笋培育技术在江西这块红土地上表现出明显的"水土不服"，各地竹笋产量参差不齐，竹笋质量良莠不齐，产品供应极不稳定，已严重危及市场的主动权。

其次，林地增温覆盖基质的选用和覆盖技术缺乏科学规范，增温覆盖材料五花八门，控温能力低，增温效果差。特别是近年来，不少地方由于覆盖方法不当，外加长期偏施化学肥料和实施林地覆盖后，导致土壤酸化板结、竹鞭上行、竹林退化，经营强度失控，致使地力严重衰退和大面积雷竹林严重退化，远未形成规范、科学、生态的培育格局。且长期大量施肥，势必会对生态环境造成不利影响，不能适应现代竹笋产业的发展需求。

为此，系统分析江西雷竹产业发展存在的问题，并有针对性开展研究、做好科技支撑、夯实产业基础是当务之急。

目前，江西雷竹产业存在的问题主要体现在以下几个方面。

2.2.3.1 缺乏合理产业规划

目前的雷竹鲜笋供不应求，售价较高，经营效益高，群众积极性高涨，但大部分处于自发、无序状态。有些区域大面积集中种植，但竹种单一，导致集中生产、产品同质化严重，也因此造成生产季节劳动力、生产资料需求集中，进而拉高生产成本；还有一部分地区未充分调研立地和气候条件，盲目发展。总之，产业发展缺乏合理、细致的规划，若不站在产业发展态势和全省产业布局的高度做好规划，势必导致供过于求、恶性竞争等一系列不良连锁反应。

2.2.3.2 职能管理部门不清，缺乏技术规范指导

目前江西雷竹生产尚处在探索性阶段，管理部门多头且职能不清，缺乏专业技术服规范指导，种植混乱，农户一味追求扩大面积，甚至有些农户缺乏科学认识，没有因地制宜，盲目种植，造成不少人力物力的浪费。同时，投入产出比远未达到最好经济水平。尤其是雷竹笋生产、加工等没有相应的标准，导致竹笋产量、品质参差不齐，严重影响竹笋的市场价格和竹林经营效益。

2.2.3.3 过度经营，缺乏可持续经营理念

很多种植户不了解雷竹习性，过度施肥、过度覆盖、过度挖笋，短期内极大限度地问竹林要产量、要效益，结果导致短期内林分土壤酸化、板结，竹鞭上行，病虫害危害加剧，竹林减产、退化，许多竹林不到 10 年就全林尽毁。

2.2.3.4 种苗问题

（1）缺乏良种

雷竹原产于浙江，不是江西省的乡土竹种，近年来，由于市场售价居高不下，江西东部借助区位优势，发展势头迅猛，但多由民间自发从浙江引种，暂无适合江西省红壤区种植的良种。由江西省林业科学院牵头，江西农业大学、江西省林业科技推广总站协助的笋用雷竹良种选育工作刚起步，虽然取得了阶段性的成果，初步筛选了 2 个优良栽培类型，但尚未达到可大面积推广的程度。

（2）缺少优良种苗

江西省雷竹种植起步较晚，雷竹林基本用于生产竹笋鲜销，未建立种苗繁育基地。同时，由于缺乏指导和监督，导致所种植的雷竹品种和质量参差不齐，在较大程度上影响了江西省雷竹笋产量和质量的稳定性。

（3）大面积单一竹种

江西省雷竹多由民间自发从浙江引进，受浙江种植习惯影响，引进的种苗多为细叶乌稍雷竹，少量阔叶雷竹，鲜有其他类型的竹种。大面积的单一竹种，一旦有病虫害，蔓延迅速，易形成灾害。

（4）引种未通过检验检疫

竹种引进缺少检验检疫环节，不少种苗是取自衰败的竹林，生理退化，且携带了大量的病原生物及虫卵等，易开花，易爆发病虫害。

2.2.3.5 施肥问题

许多种植户不了解雷竹生长对肥料的需求，受"施肥越多产量越高""庄稼一枝花，全靠肥当家"等观念影响，过度施肥。据了解，大部分林分每年施肥量达 500kg/亩以上，有机肥一年施几次，每次都是论吨计，施肥量极大。其次，林农施用的化肥以市售的普通复合肥为主，氮、磷、钾配比不符合雷竹生长要求，导致土壤富营养、酸化，同时氮素大量流失、磷钾残留超标。

如弋阳，许多雷竹林地土壤平均 pH 值介于 3.6~4.7 之间，有效磷含量 111.2mg/kg、速效钾含量 296.7mg/kg，远远超过国家一级土壤（40 和 200mg/kg）标准，有机质含量却较低，只有 34.8g/kg。

2.2.3.6 水分问题

每年的 4~6 月行鞭期、8~9 月笋芽分化期及 11~12 月覆盖操作期，由于很多原因，比如气候、水源、认识问题等，导致林地水分供应不足，影响竹林生长和产量。

2.2.3.7 覆盖问题

（1）过早覆盖

认为覆盖越早效益越好，覆盖时间越来越早，进行秋季秋笋覆盖、夏季夏笋覆盖。

（2）缺水覆盖

覆盖前浇水不够，导致林地温度虽然高，但水分满足不了竹笋的生长需求，产量较低甚至不发笋。

（3）过热覆盖

过度施用发热材料，使得林地温度迅速上升达到 20℃甚至更高，诱导覆盖后迅速出笋，导致覆盖生产的林分前期竹笋发白、后期竹笋细小、笋期提前结束。

（4）覆盖物清除过晚

有的由于价格尚可，有的因为劳动力缺乏，有的是疏忽，导致4～5月都还没有清除覆盖物。

以上几种情况，都给竹林造成致命的伤害，其结果往往是竹鞭上行、母竹难留养，一般覆盖3～5年就开始退化了。

（a）   （b）

图2-5　清理不及时退化林分5月和8月状况

（a）5月　　（b）8月

2.2.3.8　林分结构不合理

（1）林分立竹度过大

调查结果显示，江西雷竹林分立竹度普遍较高，部分林分甚至超过2000株/亩，这不利于林分通风和空间分配，极易给病虫害的滋生和蔓延提供有利条件。据江西省林业科学院竹类研究所研究发现，在江西红壤区雷竹笋用林立竹度以1300～1600株/亩为宜。

（2）林分立竹年龄结构

但实际生产中，由于很多竹林覆盖期间不留新竹，覆盖期间每年都会死掉一些竹子，连续覆盖3年后，林内残存的均是一些5、6年生的竹子，造成林分丧失生产能力，不能充分发挥出竹林可持续生产的优势。为此，我们推荐林分立竹1～3年生各占30%、4年生占10%，每年留养新竹，保持林分立竹年龄结构的相对稳定。

2.2.3.9　竹业生产手段落后，生产效率不高

目前雷竹生产完全依赖于体力劳动，缺乏机械化培育设备，不仅生产效率低，经营成本居高不下，加之劳动力短缺现象越来越严重，影响了产业经营。

2.2.3.10　竹产品加工企业少，规模小，资源利用率低

由于种种原因，江西省的竹笋加工自 2006 年开始才缓慢发展，且以小型企业和个体加工户为主，规模小，主要产品是笋干、水煮笋等；科技含量不高，附加值低，很难形成规模效益。目前，以雷竹春笋为原料开展了低聚木糖、膳食纤维、笋汁饮料等产品的研发，也取得了相应的专利，但离产业化发展还有一定的距离。

2.2.3.11　产品流通渠道不够畅通

江西雷竹目前以竹笋鲜销为主，主要销往江苏、浙江、上海等地，无论是企业还是农户其鲜笋及笋产品都是零散销售，没有形成合力，导致当地竹笋市场完全处于被动的状态，价格完全受制于外地批发商，尤其是远距离运输，增加销售成本，直接影响种植户的经营效益。

2.2.4　雷竹产业发展对策

针对江西丰富的红壤资源，根据市场经济规律要求，按照大力建设生态林业、民生林业、加快竹产业化进程的理念，丰富笋用竹种、提出科学经营及配套技术，降低雷竹笋经营成本、尽量减肥增效，是规避以上风险、提高竹笋品质和经营效益的有效方法。

2.2.4.1　科学规划，合理布局，进一步加大政策扶持力度

江西省雷竹产业的发展，以民间自发跟进为主，急需做好科学规划，根据各地特色和综合条件，进行合理布局，并具体到山头地块。同时要进一步营造和完善政—产—学—研—用相结合的运作模式，制定相关的优惠、扶持政策，进一步加大扶助力度，引导竹产业向有序、高效、可持续的方向发展。

2.2.4.2　点线面相结合，构建省市县三级竹产业示范体系和技术服务体系

采取点线面相结合的方法，按照一县一示范的模式，打造雷竹示

范区，推进笋用林建设。进一步明确管理部门的职能和责任，整合人力资源，培植扩大技术队伍，构建和完善技术服务体系和信息，整体提升笋竹产业的科学营林理念和科技水平。

2.2.4.3 营建优良笋用竹种植资源库和种苗繁育基地

现有雷竹林种源良莠不齐，加之过度集约经营，已出现不少衰退竹林、病虫害危害的现象。因此，要加强优良种源的收集与选育，营建优良种苗繁育基地，以满足雷竹生产不断扩大的种苗需求，为雷竹产业的可持续发展提供保障。

2.2.4.4 科学制定并推行红壤区雷竹笋高效、安全培育技术规程

雷竹在浙江有着悠久的栽培历史，取得了丰硕的栽培技术研究成果，但由于土质、水质和气候条件的差异，大多技术成果不适宜在江西省红壤土上种植的雷竹林中推广应用。因此，制定适合江西红壤立地条件的经营技术标准，引导和规范当地林农进行科学种植，确保红壤雷竹笋高效安全生产，迫在眉睫。

2.2.4.5 加大雷竹生产关键技术攻关

（1）深化开展丰产、高效、安全培育关键技术研究

目前，江西省雷竹培育虽然有较高集约经营水平，但还缺乏规范化技术规程指导，经营技术尚处探索阶段。因此，急需开展红壤区雷竹笋用林精准施肥技术及专用肥料产品等研究，并组装集成有关技术成果，营建示范基地，为高效、规范化培育提供保障。

（2）深化开展竹笋产品精深加工关键技术研究，提升竹笋产品附加值

雷竹冬笋、毛竹冬笋鲜销市场甚好，市场供不应求，目前尚不存在销售风险。而春笋，不仅产量大，且出笋迅速、时间集中，产量极高，因此，在实际生产过程当中，每年都会面临大量的春笋积压，给种植企业和农户造成了较大经济损失，同时也造成了大量笋资源的浪费。为此，开展春笋的精深加工，大力提高雷竹林分的经营效益势在必行。二是深化竹产品加工剩余物深度开发利用。目前竹笋加工利用

中全笋利用率不高，加工剩余物多作废弃物处理，资源浪费很大，若通过再生制造合成利用，如生产竹膳食纤维、竹醋、木糖、禽兽多用青贮饲料、竹碳、环保胶黏剂等，可增值 2～10 倍，对其精深产品再度开发利用，潜力更为巨大。

（3）深化竹林病虫害预防预控技术研究

大面积的雷竹纯林，林下生物多样性单调，易引起病虫害，且一旦爆发，将会是毁灭性的灾害。因此，深化开展竹林病虫害预防预控技术研究，做好病虫害的防控工作，迫在眉睫。

（4）开展竹林机械设备、机械化培育技术攻关

林业生产周期长、生产机械化和自动化水平低，是劳动密集型产业，且劳务强度较大，露天作业多。而另一方面，经济发展和城市建设，吸引了大量农村劳动力涌入城市，造成了事实上农村劳动力的短缺，进而导致林业生产劳务成本增加，降低林业生产效益，甚至用工荒会造成林业生产无法正常进行。因此，针对雷竹产业特点，进行挖笋、覆盖等相关机械的研发，取代部分人力劳动，降低竹业生产的劳务强度和对劳动力的依赖程度，将是雷竹产业发展的必然趋势。

2.2.4.6　强化竹林景观利用，打造竹文化，发展竹林生态旅游

森林旅游已成为当今世界旅游业发展的热点和绿色消费的一种新时尚。竹林风景旅游是森林旅游的重要内容，对陶冶人们的情操更具特殊作用。发展竹林生态旅游事业，可以在不消耗竹林资源的情况下获取远远高于竹林产品的经济效益，对发展生态经济竹林体系建设，优化竹业产业结构，培植竹业新的经济增长点，乃至带动相关产业的协调发展具有十分重要的作用。

2.2.4.7　加快构建竹笋产品交易市场

通过政府引导、社会参与，引进与竹产业发展密切相关的包装、配送等相关企业，延长产业链，打造集竹文化展示、竹类经营、竹产品生产加工和观光旅游、科研一体的综合性、高档次竹产品交易市场。实现笋产品特别是鲜笋在本地进行交易，减少鲜笋生产和销售的中间环节，促进竹笋及其产品流通。同时，整合信息资源，建立经验交流

和信息共享平台，及时发布市场信息，改变各自为战的局面，实现全省竹笋产业"扩量、提质、增效"赶超跨越的新局面。

总之，规范江西省雷竹笋生产，促进雷竹笋产业健康可持续发展，把竹产业建成绿色支柱产业，是促进江西省农村经济发展、加速农民致富奔小康和社会主义新农村建设进程的有效途径。

为此，笔者从江西省红壤区笋用竹种筛选、竹笋品质、雷竹笋高效经营等方面开展了大量研究，现将相关研究结果总结如下。

2.3 江西省优良笋用竹种

全省现有竹林面积 104.5 万 hm^2，现有竹类植物 20 属 265 种，其中天然分布的有 135 种，基本可食用，常见的笋用竹种有毛竹 *Phyllostachys edulis*、雷竹 *Phyllostachys violascens* 'Prevernalis'、白哺鸡竹 *Ph. dulcis*、花哺鸡竹 *Ph. glabrata*、乌哺鸡竹 *Ph. vivax*、毛金竹 *Ph. nigra* var. *henonis*、篌竹 *Ph. nidularia* f. *smoothsheath*、淡竹 *Ph. glauca*、水竹 *Ph. heteroclada*、高节竹 *Ph. prominens*、方竹 *Chimonobambusa quadrangularis*、苦竹 *Pleioblastus amarus* 等。其中，作为笋用林经营的竹种以毛竹和雷竹为主，少量高节竹、白哺鸡竹、淡竹、苦竹、水竹等，绝大部分优良笋用竹种尚未开发利用。现将目前生产规模较大且具有较高开发利用价值的笋用竹种简要介绍如下。

2.3.1 散生型笋用竹种

2.3.1.1 毛竹 *Phyllostachys edulis*

毛竹广布于江西全省，是江西森林资源的重要组成部分，也是全省竹类资源的主要组成部分，全省现有毛竹林面积 97.3 万 hm^2，是毛竹产区林农收入的主要来源。

秆高达 20 余米，粗者可达 20 余厘米，幼秆密被细柔毛及厚白粉，箨环有毛，老秆无毛，并由绿色渐变为绿黄色；基部节间甚短而向上则逐节较长，中部节间长达 40cm 或更长，壁厚约 1cm（但有变异）；秆环不明显，低于箨环或在细竿中隆起。箨鞘背面黄褐色或紫褐色，具黑褐色斑点及密生棕色刺毛；箨耳微小，繸毛发达；箨舌宽短，强

图 2-6　毛竹笋

隆起乃至为尖拱形，边缘具粗长纤毛；箨片较短，长三角形至披针形，有波状弯曲，绿色，初时直立，以后外翻。末级小枝具 2~4 叶；叶耳不明显，鞘口繸毛存在而为脱落性；叶舌隆起；叶片较小较薄，披针形，长 4~11cm、宽 0.5~1.2cm，下表面在沿中脉基部具柔毛，次脉 3~6 对，再次脉 9 条。花枝穗状，长 5~7cm，基部托以 4~6 片逐渐稍较大的微小鳞片状苞片，有时花枝下方尚有 1~3 片近于正常发达的叶，此时花枝呈顶生状；佛焰苞通常在 10 片以上，常偏于一侧，呈整齐的覆瓦状排列，下部数片不孕而早落，致使花枝下部露出而类似花枝之柄，上部的边缘生纤毛及微毛，无叶耳，具易落的鞘口繸毛，缩小叶小，披针形至锥状，每片孕性佛焰苞内具 1~3 枚假小穗。小穗仅有 1 朵小花；小穗轴延伸于最上方小花的内稃之背部，呈针状，节间具短柔毛；颖 1 片，长 15~28mm，顶端常具锥状缩小叶有如佛焰苞，下部、上部以及边缘常生茸毛；外稃长 22~24mm，上部及边缘被毛；内稃稍短于其外稃，中部以上生有毛茸；鳞被披针形，长约 5mm，宽约 1mm；花丝长 4cm，花药长约 12mm；柱头 3，羽毛状。颖果长椭圆形，长 4.5~6mm，直径 1.5~1.8mm，顶端有宿存的花柱基部，花期 5~8 月。

分布自秦岭、汉水流域至长江流域以南和台湾省，黄河流域也有多处栽培。1737 年引入日本栽培，后又引至欧美各国。原描述系根据法国栽培的竹丛，由于未引证模式标本，1956 年 F. A. McClure 将他采自美国 Barbour Lathrop 植物引种园 21800 号竹丛的标本立为新模式（Neotype）。

毛竹是我国栽培悠久、面积最广、经济价值也最重要的竹种。其秆形粗大，宜供建筑用，如梁柱、棚架、脚手架等，篾性优良，供编织各种粗细的用具及工艺品，枝梢作扫帚，嫩竹及秆箨作造纸原料，笋味美，鲜食或加工制成玉兰片、笋干、笋衣等（图 2-6）。

笋期 4 月，竹秆材用，竹笋鲜美，食用，一年有"三笋"（春笋、冬笋、鞭笋）可供，亩产量春笋可达 2000kg、冬笋 1500kg、鞭笋 300kg，但经营效益差距较大，2018 年平均产地价格春笋不到 3 元/kg、冬笋超 10 元/kg、鞭笋约 16 元/kg。

毛竹适应性强，分布广泛，资源丰富，生长快，成才早，具有独特的生态、经济、社会综合效益，是全球分布面积最广、加工利用最多的竹种，也是我国最重要的经济竹种，同时也是江西毛竹产区人民重要的经济来源。

2.3.1.2 雷竹 *Phyllostachys violascens* 'Prevernalis'

雷竹作为近年来大力引种和大面积经营的竹种，目前已跃居为赣东北地区笋用竹的主要经营对象，全省现有雷竹种植面积 20.6 万亩，年产鲜笋 6 万 t，产值 23 亿元，为种植区林农增收做出了巨大贡献。其中以上饶市弋阳县种植规模最大，至 2020 年底，弋阳县种植面积 10.8 万亩。

雷竹秆圆形绿色，高可达 10m，径 4~6cm；箨鞘褐绿色或淡黑色，有大小不等的斑点与紫色纵条纹；无箨耳，箨叶绿色或紫褐色，窄带状披针形，具强烈皱曲（图 2-4），外翻；叶片长 6~18cm、宽 0.8~2.2cm。

雷竹笋期早，正常出笋 2~4 月，味美，持续时间长，产量高。

目前以覆盖生产冬笋鲜销为主，亩产量可达 2300kg 以上，2017 年 11 月至 2018 年 3 月期间，平均售价超 20 元/kg。易形成笋用林产业化生产与发展，带动笋产品与竹饮料食品加工产业的发展。

2.3.1.3 厚竹 *Phyllostachys edulis* 'Pachyloen'

毛竹变种。竹秆略呈椭圆或方形、绿色，竹壁特厚，秆中部以上为近实心或实心，竹壁厚，单笋重。株形较紧密；高可达 12m。箨鞘背面褐色，具黑褐色斑点及密生棕色刺毛，缝毛发达，箨片绿色，长三角形至披针形。竹叶绿色，披针形，长 9~12cm，宽 0.7~1.4cm。材性好，用途广泛，笋材两用优良竹种。亩产量可达 1500kg 以上，且适应强，生长繁殖快；是竹炭、重组竹材加工、笋产品加工产业可持续发展的主要竹种（图 2-7、图 2-8）。

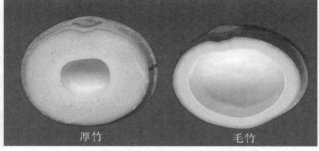

图 2-7　厚竹笋　　　　　图 2-8　毛竹竹秆横截面比较

2.3.1.4　哺鸡竹类

（1）白哺鸡竹 *Phyllostachys dulcis*

秆圆形绿色直立，高可超 10m，径 4~6cm；幼秆逐渐被少量白粉，老秆灰绿色，常有淡黄色或橙红色的隐约细条纹和斑块；最长节间约为 25cm，壁厚约 5mm；秆环甚隆起，高于箨环。箨鞘质薄，有稀疏的块状白粉，有淡白色或浅黄色条纹、淡褐色稀疏斑点；背面淡黄色或乳白色，微带绿色或上部略带紫红色，有时有紫色纵脉纹，有稀疏的褐色至淡褐色小斑点和向下的刺毛，边缘绿褐色箨耳卵状至镰形，绿色或绿带紫色，生长继毛；箨舌拱形，淡紫褐色，边缘生短纤毛；箨耳卵圆形，箨叶绿色，狭三角形，凹槽状且强烈褶皱，通常上举；箨

片带状，皱曲，外翻，紫绿色，边缘淡绿黄色。末级小枝具 2 或 3 叶；叶耳及继毛易脱落；叶舌显著伸出；叶片长 9~14cm、宽 1.5~2.5cm，下表面被毛，基部之毛尤密。

笋期 4 月中下旬（图 2-9）。笋味鲜美，供食用，是我国传统优良笋用竹种，可作为笋用竹集约化经营。秆可作柄材用。

产于江苏、浙江，浙江杭州及农村普遍栽培。1907 年从浙江余杭县塘栖引入美国。模式标本采自美国。

图 2-9　白哺鸡竹笋

（2）花哺鸡竹 *Phyllostachys glabrata*

秆圆形绿色直立，高 6~7m，径 3~4cm；箨鞘淡红褐色至淡黄稍带紫色，布满紫褐色小斑点并于箨鞘线段密集成云斑状；无箨耳，箨叶紫绿色，带状，褶皱，外翻；叶片长8~11cm，宽 1.2~2cm。

笋期 4 月中下旬。我国传统优良笋用竹种，可作为笋用竹集约化经营。

（3）乌哺鸡竹 *Phyllostachys vivax*

秆圆形绿色直立，高 5~15m，径 4~8cm；梢部下垂，微呈拱形，幼秆被白粉，无毛，老秆灰绿色至淡黄绿色，有显著的纵肋；节间长25~35cm，壁厚约 5mm；秆环隆起，稍高于箨环，常在一侧突出以致其节多少有些不对称。箨鞘无毛，背面淡黄绿色带紫至淡褐黄色，微被白粉，密被黑褐色斑块和斑点，尤以鞘中部较密；无箨耳及鞘口缝毛；箨舌弧形隆起，两则明显下延，淡棕色至棕色，边缘生细纤毛；箨片带状披针形，强烈皱曲，外翻，背面绿色，腹面褐紫色，边缘颜色较淡以至淡橘黄色。末级小枝具 2 或 3 叶；有叶耳及鞘口缝毛；叶舌发达，高达 3mm；叶片微下垂，较大，带状披针形或披针形，长9~18cm、宽 1.2~2cm。花枝呈穗状，基部托以 4~6 片逐渐增大的鳞片状苞片；佛焰苞 5~7 片，无毛或疏生短柔毛，叶耳小，具放射状缝毛，缩小叶卵状披针形至狭披针形，长达 2.5cm，每片佛焰苞内有1 或 2 枚假小穗。小穗长 3.5~4cm，常含 2或 3 朵小花，被疏柔毛；颖 1 片；外稃长2.7~3.2cm，被极稀疏的柔毛；内稃长 2.2~2.6cm，几无毛，背部 2 脊明显；鳞被狭披针形，长约 5mm；花药长 12mm；子房无毛，柱头 3。花期 4~5 月。

笋期 4 月中下旬，笋味美，是我国传统优良笋用竹种，可作为笋用竹集约化经营；篾性较差，可编制篮筐，秆作农具柄材等用（图 2-10）。

图 2-10　乌哺鸡竹

产于江苏、浙江，常见栽培；河南也有少量引入栽培。1907 年由浙江余杭塘栖引入美国栽培。模式标本采自美国。

（4）红哺鸡竹 *Phyllostachys iridescens*

秆圆形绿色直立，高 6~12m，径 4~7cm；幼秆被白粉，一、二年生的秆逐渐出现黄绿色纵条纹，老秆则无条纹；中部节间长 17~24cm，壁厚 6~7mm；秆环与箨环中等发达。箨鞘紫红色或淡红褐色，边缘紫褐色，背部密生紫褐色斑点，微被白粉，无毛；无箨耳及鞘口继毛；箨舌宽，拱形或较隆起，紫褐色，边缘有紫红色长纤毛；箨片外翻，平直或略皱曲，带状，绿色，边缘红黄色。末级小枝具 3 或 4 叶，无叶耳，鞘口继毛脱落性，紫色；叶舌紫红色，中等发达；叶片长 8~17cm，宽 1.2~2.1cm，质较薄。花枝呈穗状，长（2.5）5~6（8.5）cm，基部托以 3~5 片逐渐增大的鳞片状苞片；佛焰苞 5~7 片，背部具柔毛，鞘口缝毛短，1~3 根，缩小叶形小，每片佛焰苞腋内具 2 或 3（~4）枚假小穗。小穗长 3~3.5cm，紫色，披针形，每小穗含小花 1~3 朵，常仅顶端 1 朵成熟；小穗轴延伸呈针状，其节间有毛；

颖常仅 1 片或无，披针形；外稃长 1.8~2.1cm，无毛，顶端延伸呈芒状；内稃长 1.5~1.8cm，几无毛或仅顶端有疏生细毛，背部 2 脊明显或否；鳞被卵状披针形，长 2.5~3mm；花药长约 1cm；柱头 3，羽毛状。花期 4~5 月。

笋期 4 月中下旬，笋味鲜美可口，是传统优良笋用竹种，可作为笋用竹集约化经营（图 2-11）。竹材较脆，不宜篾用，可作晒衣竿及农具柄。

图 2-11　红哺鸡竹笋

产于江苏、浙江；浙江农村普遍栽培。模式标本采自杭州植物园。

2.3.1.5　高节竹 *Phyllostachys prominens*

秆深绿色直立，高达 10m，径可达 8cm；幼秆深绿色，无白粉或被少量白粉，老秆灰暗黄绿色至灰白色；节间较短，除基部及顶部的节间外，均近于等长，最长达 22cm，每节间的两端明显呈喇叭状膨大而形成强烈隆起的节，秆壁厚5~6cm；秆环强烈隆起，高于箨环；后者亦明显隆起（图2-12）。箨鞘淡褐黄色，或略带淡红色或绿色，疏生淡褐色小刺毛，边缘褐色，斑点密生，大小不等，近顶端尤密，呈黑褐色；箨耳发达，矩圆形或镰状，紫色或带绿色，长1.5cm，耳缘生长缝毛；箨舌紫褐色，边缘密生短纤毛，有时混有稀疏的长纤毛；箨片带状披针形，紫绿色至淡绿色，边缘橘黄色或淡黄色，强烈皱曲，外翻。末级小枝具2-4叶；叶耳及鞘口缝毛发达，但易落，叶耳绿色，缝毛黄绿色至绿色；叶舌伸

图2-12　高节竹及竹笋

出，黄绿色；叶片长8.5~18cm，宽1.3~2.2cm，下表面仅基部有白色柔毛。花枝呈穗状，长5~6cm，基部托以3~5片逐渐增大的鳞片状苞片；佛焰苞4~6片，脉间被柔毛，叶耳微小或无，鞘口缝毛数条，缩小叶较小，呈锥状或为一小尖头，每片佛焰苞腋内有1或2枚假小穗。小穗披针形，长约2.5cm，通常含2朵小花，小穗轴具毛，顶端常有不孕之退化小花；颖无或仅1片；外稃长1.6~2cm，上部被短柔毛；内稃约等长于外稃，上部及脊上具短柔毛；鳞被披针形或椭圆形，长3.5~4mm；花药长10mm；柱头3，羽毛状。花期5月。

笋期4月下旬。我国传统优良笋用竹种，笋味美，产量高，可作为笋用竹集约化经营。秆节甚隆起，不易劈篾，宜整秆使用，多作柄材。

产于浙江，多植于平地的家前屋后。模式标本采自杭州植物园。

2.3.1.6　毛金竹 *Phyllostachys nigra* var. *henonis*

紫竹（*Ph. nigra*）的变种，秆圆形，胸径可达7cm。株形紧密，秆高8m。箨鞘为淡（红）棕色，有箨耳和缝毛；箨片绿色，具紫色脉，三角形，微皱曲。叶片绿色，长7~10cm，宽1.2cm。

毛金竹，又名小毛竹、红笋竹，属禾本科竹子亚科刚竹属，毛金竹是我国的重要森林资源，广泛分布于长江流域及河南、四川、安徽、江西等地。毛金竹年产竹笋量大，且笋期集中，可成为江西省开发特

图 2-13　毛金竹笋

色产业，推出名特优绿色食品的物质基础。江西省毛金竹多为天然分布。毛金竹适应性与抗逆性均强，在海拔 100~1100m 均有天然分布，且新造的竹林成活率高达 95% 以上，在低海拔地低丘生长良好。毛金竹在江西省具有广阔的发展空间，我们对老竹林进行抚育，发新竹可达 14520 株/hm² 左右，以 1 根新竹折合 0.45kg 鲜笋（还未计及退笋），则年产鲜笋约 6.4t/hm²，加上退笋，则可达 7.5t/hm²，售价以 2000 元/t 计，总产值可达 1.5 万元/hm²，单位林地面积产出甚高。

　　本种笋期 4 月，笋味独特，糖分含量介于毛竹笋和雷竹笋之间，符合江西省的饮食习惯，且适应性强，在发展笋用竹方面具有广阔前景。特别是喜食辣味的江西全省各地（图 2-13）。

　　同时，该竹种材性略优于毛竹，是笋材两用的优良乡土竹种。

2.3.1.7　淡竹 *Phyllostachys glauca*

　　秆深绿色直立，高 5~12m，径可达 8cm；幼秆密被白粉，无毛，老秆灰黄绿色；节间最长可达 40cm，壁薄，厚仅约 3mm；秆环与箨环均稍隆起，同高。箨鞘背面淡紫褐色至淡紫绿色，常有深浅相同的纵条纹，无毛，具紫色脉纹及疏生的小斑点或斑块，无箨耳及鞘口繸毛；箨舌暗紫褐色，高 2~3mm，截形，边缘有波状裂齿及细短纤毛；箨片线状披针形或带状，开展或外翻，竹秆下部的反折，平直或有时微皱曲，绿紫色，边缘淡黄色。末级小枝具 2 或 3 叶；叶耳及鞘口繸毛均存在但早落；叶舌紫褐色；叶片长 7~16cm，宽 1.2~2.5cm，下表面沿中脉两侧稍被柔毛。花枝呈穗状，长达 11cm，基部有 3~5 片逐渐增大的鳞片状苞片；佛焰苞 5~7 片，无毛或一侧疏生柔毛，鞘口繸毛有时存在，数少，短细，缩小叶狭披针形至锥状，每苞内有 2~4 枚假小穗，但其中常常仅 1 或 2 枚发育正常，侧生假小穗下方所托的苞片披针形，先端有微毛。小穗长约 2.5cm，狭披针形，含 1 或 2 朵小花，常以最上端一朵成熟；小穗轴最后延伸成刺芒状，节间密生短柔毛；

颖不存在或仅 1 片；外稃长约 2cm，常被短
柔毛；内稃稍短于其外稃，脊上生短柔毛；
鳞被长 4mm；花药长 12mm；柱头 2，羽毛
状。花期 6 月。

笋期 4 月中旬至 5 月底，笋味淡（图 2-
14）；竹材篾性好，可编织各种竹器，也可
整材使用，作农具柄、搭棚架等。

产于黄河流域至长江流域各地，也是常
见的栽培竹种之一。是石灰岩等困难立地的
重要植被，在江西省瑞昌市天然分布 12 万亩。
1926 年由南京引入美国栽培。模式标本采自美国。

图 2-14 淡竹笋

2.3.1.8 水竹 *Phyllostachys heteroclada*

秆绿色，高 6m，径可达 3.5cm；新秆深绿色带紫色或灰绿色带紫
色，有密集的雾状白粉；节间长达 30cm，壁厚 3~5mm；秆环在较粗
的秆中较平坦，与箨环同高，在较细的秆中则明显隆起而高于箨环；
节内长约 5mm；分枝角度大，以致接近于水平开展。箨鞘背面深绿带
紫色（在细小的笋上则为绿色），无斑点，被白粉，无毛或疏生短毛，
边缘生白色或淡褐色纤毛；箨耳小，但明显可见，淡紫色，卵形或长
椭圆形，有时呈短镰形，边缘有数条紫色繸毛，在小的箨鞘上则可无
箨耳及鞘口繸毛或仅有数条细弱的繸毛；箨舌
低，微凹乃至微呈拱形，边缘生白色短纤毛；箨
片直立，三角形至狭长三角形，绿色、绿紫色或
紫色，背部呈舟形隆起（图 2-15）。末级小枝具
2 叶，稀可 1 或 3 叶；叶鞘除边缘外无毛；无叶
耳，鞘口繸毛直立，易断落；叶舌短；叶片披针
形或线状披针形，长 5.5~12.5cm，宽 1~
1.7cm，下表面基部有毛。花枝呈紧密的头状，
长（16）18~20（22）mm，通常侧生于老枝上，
基部托以 4~6 片逐渐增大的鳞片状苞片，如生

图 2-15 水竹及笋

于具叶嫩枝的顶端，则仅托以 1 或 2 片佛焰苞，后者的顶端有卵形或长卵形的叶状缩小叶，如在老枝上的花枝则具佛焰苞 2~6 片，纸质或薄革质，广卵形或更宽，唯渐向顶端者则渐狭窄；并变为草质，长 9~12mm，先端具短柔毛，边缘生纤毛，其他部分无毛或近于无毛，顶端具小尖头，每片佛焰苞腋内有假小穗 4~7 枚，有时可少至 1 枚；假小穗下方常托以形状、大小不一的苞片，此苞片长达 12mm，多少呈膜质，背部具脊，先端渐尖，先端及脊上均具长柔毛，侧脉 2 或 3 对，极细弱。小穗长达 15mm，含 3~7 朵小花，上部小花不孕；小穗轴节间长 1.5~2mm，棒状，无毛，顶端近于截形；颖 0~3 片，大小、形状、质地与其下的苞片相同，有时上部者则可与外稃相似；外稃披针形，长 8~12mm，上部或中上部被以斜开展的柔毛，9~13 脉，背脊仅在上端可见，先端锥状渐尖；内稃多少短于外稃，除基部外均被短柔毛；鳞被菱状卵形，长约 3mm，有 7 条细脉纹，边缘生纤毛；花药长 5~6mm；花柱长约 5mm，柱头 3，有时 2，羽毛状。花期 4~8 月。比较容易开花，而且在开花后整个竹丛还不至于很快枯死，也较易复壮。

笋期 5 月，多生于河流、小溪两岸及山谷洼地中，是我国传统优良笋用竹种。竹材韧性好，栽培的水竹竹秆粗直，节较平，宜编制各种生活及生产用具。著名的湖南益阳水竹席就是用本种为材料编制而成的。

产于黄河流域及其以南各地。多生于河流两岸及山谷中，为长江流域及其以南最常见的野生竹种。模式标本采自四川。

2.3.1.9 篌竹 *Phyllostachys nidularia*

秆绿色，高可达 12m，径可达 5cm，劲直，分枝斜上举而使植株狭窄，呈尖塔形，幼秆被白粉；节间最长可达 30cm；壁厚仅约 3mm；秆环同高或略高于箨环；箨环最初有棕色刺毛。节中度至高度隆起，新秆深绿色带紫色，密被白粉；箨鞘薄革质，无毛，背面新鲜时绿色，无斑点，上部有白粉及乳白色纵条纹，中、下部则常为紫色纵条纹，基部密生淡褐色刺毛，愈向上刺毛渐稀疏，边缘具紫红色或淡褐色纤毛；箨耳大，系由箨片下部向两侧扩大而成，三角形或末端延伸成镰形，新鲜时绿紫色，疏生淡紫色缫毛；箨舌宽，微作拱形，紫褐色，边缘密生白色微纤毛；箨片宽三角形至三角形，直立，舟形，绿紫色。末级小枝仅有 1 叶，稀可 2 叶，叶片下倾；叶耳及鞘口缫毛均微弱或俱缺；叶舌低，不伸出；叶片呈带状披针形，长 4~13cm，宽 1~2cm，无毛或在下表面的基部生有柔毛。花枝呈紧密的头状，长 1.5~2cm，基部托以 2~4 片逐渐增大的鳞片状小形苞片；佛焰苞 1~6 片，在下部者呈卵形，上部者形较狭，纸质，长约 16mm，边缘生纤毛，其他部分无毛或只在两侧及顶部具少量毛，缩小叶有变化，或极小或近于无或呈叶状，每片佛焰苞腋内具假小穗 2~8 枚；假小穗的苞片狭窄，大小多变化，甚至有时可无苞片，膜质，5~7 脉，具脊，上部及脊上均生有长柔毛；小穗含 2~5 朵小花，上部 1 或 2 朵小花不孕；小穗轴节间略呈棒状，上侧扁平并生有数条长柔毛，顶端斜截平；颖通常 1 片，有时多至 3 片，其形状、大小及质地与其下的苞片相似，长可达

15mm；外稃草质，密被长而开展的细刺毛，先端作芒状渐尖，多脉，第一外稃长 10~12mm，最长可达 16mm；内稃短于外稃，亦被开展的细刺毛，长 6~11mm；花药长 4.5~5.5mm；柱头3，有时 2 或 1，羽毛状。花期 4~8 月。

　　笋期 4~5 月，笋味美，是我国传统优良笋用竹种，适应性非常强，既耐水湿，也耐干旱贫瘠。秆壁薄，竹材较脆，细秆作篱笆（故称篱竹），粗秆劈篾编织虾笼（因此称笼竹）（图 2-16）；植株冠辐狭而挺立，叶下倾，体态优雅，亦宜作布置庭园用。

图 2-16　篍竹笋

　　产于陕西、河南、湖北和长江流域及其以南各地，多系野生。

2.3.1.10　早园竹 *Phyllostachys propinqua*

　　秆高可达 7m，径 3~4cm，幼秆绿色（基部数节间常为暗紫带绿色），被以渐变厚的白粉，节之上下均有白粉环；光滑无毛；中部节

间长约 20cm，壁厚 4mm；秆环微隆起与箨环同高。秆环箨鞘背面淡红褐色或黄褐色，另有颜色深浅不同的纵条纹，无毛，亦无白粉，上部两侧常先变干枯而呈草黄色，被紫褐色小斑点和斑块，尤以上部较密；无箨耳及鞘口繸毛；箨舌淡褐色，拱形，有时中部微隆起，边缘生短纤毛；箨片披针形或线状披针形，绿色，背面带紫褐色，平直，外翻。末级小枝具 2 或 3 叶；常无叶耳及鞘口繸毛；叶舌强烈隆起，先端拱形，被微纤毛；叶片披针形或带状披针形，长 7~16cm，宽 1~2cm。

笋期 3 月中旬至 4 月上旬或更早，出笋持续时间较长，笋味较好，是我国传统优良笋用竹种，竹材可劈篾供编织，整秆宜作柄材、晒衣竿等。适应性非常强，既耐水湿，也耐干旱贫瘠。

产于河南、江苏、安徽、浙江、贵州、广西、湖北等地。1928 年由广西梧州西江引入美国。模式标本采自美国。

2.3.1.11　桂竹 *Phyllostachys bambusoides*

又名五月竹、麦黄竹。秆高可达 20m，径可达 15cm，节间长 12~40cm，壁厚约 5mm。节有两个明显的环，秆环稍高于箨环。幼秆呈粉绿色，后变深绿，一旦年老则转变为棕绿色；无毛，无白粉或不易被察觉的白粉，偶可在节下方具稍明显的白粉环。箨鞘革质，背面黄褐色，有时带绿色或紫色，有较密的紫褐色斑块与小斑点和脉纹，疏生脱落性淡褐色直立刺毛；箨耳小形或大形而呈镰状，有时无箨耳，紫褐色，繸毛通常生长良好，亦偶可无繸毛；箨舌拱形，淡褐色或带绿色，边缘生较长或较短的纤毛；箨片带状，中间绿色，两侧紫色，边缘黄色，平直或偶可在顶端微皱曲，外翻。末级小枝具 2~4 叶；叶耳半圆形，繸毛发达，常呈放射状；叶舌明显伸出，拱形或有时截形；叶片长 5.5~15cm，宽 1.5~2.5cm。花枝呈穗状，长 5~8cm，偶可长达 10cm，基部有 3~5 片逐渐增大的鳞片状苞片；佛焰苞 6~8 片，叶耳小形或近于无，繸毛通常存在，短，缩小叶圆卵形至线状披针形，基部收缩呈圆形，上端渐尖呈芒状，每片佛焰苞腋内具 1 枚或有时 2 枚、稀可 3 枚的假小穗，唯基部 1~3 片的苞腋内无假小穗而苞早落。小穗披针形，长 2.5~3cm，含 1 或 2~3 朵小花；小穗轴呈针状延伸于最上孕性小花的内稃后方，其顶端常有不同程度的退化小花，节间除针状延伸的部分外，均具细柔毛；颖1片或无颖；外稃长2~2.5cm，被稀疏微毛，先端渐尖呈芒状；内稃稍短于其外稃，除2脊外，背部无毛或常于先端有微毛；鳞被菱状长椭圆形，长3.5~4mm，花药长11~14mm；花柱较长，柱头3，羽毛状。

笋期5月下旬，笋味略涩，部分产区喜食（图2-17）。本种秆粗大，竹材坚硬，竹材中抗弯强度最大，篾性好，最适劈成竹篾制作竹编器具。为优良用材竹种。

产于黄河流域及其以南各地，从武夷山脉向西经五岭山脉至西南各省区均可见野生的竹株。早年引入日本。模式标本采自日本。

图2-17 桂竹笋

2.3.1.12 角竹 *Phyllostachys fimbriligula*

秆高9m，径粗达5cm；节间长20~25cm，绿色，无毛，节下方具白粉环，节甚隆起，无毛；秆环与箨环同高。箨鞘背面初时绿带红褐色，被酱色斑点和脱落性疏毛，边缘无毛，先端收窄；无箨耳；箨舌山峰状突起，高达1cm，两侧下延，先端边缘具纤毛呈流苏状；箨片直立，狭带状，平直。末级小枝具3或4叶；叶鞘无毛；叶耳卵状，边缘生呈放射状开展的繸毛，其长13mm；叶舌高达1mm，卵状，边缘生纤毛；叶片披针形，长8~15cm，宽1~1.8cm，上表面绿色无毛，下表面灰绿色被细柔毛。

笋期5月，是著名的高产笋用竹，经济价值甚高。

产于浙江上虞（模式标本产地）。

2.3.1.13 刚竹 *Phyllostachys sulphurea* 'Viridis'

秆高6~15m，直径4~10cm，幼时无毛，微被白粉，绿色，成长的秆呈绿色或黄绿色，在10倍放大镜下可见猪皮状小凹穴或白色晶体状小点；中部节间长20~45cm，壁厚约5mm；秆环在较粗大的秆中于不分枝的各节上不明显；箨环微隆起。箨鞘背面呈乳黄色或绿黄褐色又多少带灰色，有绿色脉纹，无毛，微被白粉，有淡褐色或褐色略呈圆形的斑点及斑块；箨耳及鞘口继毛俱缺；箨舌绿黄色，拱形或截形，边缘生淡绿色或白色纤毛；箨片狭三角形至带状，外翻，微皱曲，绿色，但具橘黄色边缘。末级小枝有 2~5 叶；叶鞘几无毛或仅上部有细柔毛；叶耳及鞘口继毛均发达；叶片长圆状披针形或披针形，长 5.6~13cm，宽1.1~2.2cm。

笋期 5 月中旬，笋供食用，唯味微苦（图 2-18）。秆可作小型建筑用材和各种农具柄。

原产于我国，黄河至长江流域及福建均有分布。1840 年由上海引至法国栽培，1928 年由法国引至美国。模式标本采自美国。

图 2-18　刚竹笋

2.3.1.14　黄甜竹 *Acidosasa edulis*

秆高 8~12m，径达 6cm，节间长 25~40cm，秆绿色无毛。箨鞘无斑点，初绿色，后转棕色，密被褐色长刺毛，边缘常紫色具纤毛；箨耳狭镰刀状伸出，表面被棕色绒毛，边缘有少数继毛呈放射状开展；箨舌高 3~4mm，中部隆起有尖锋，先端边缘具纤毛；箨叶绿色，边缘染有紫色，披针形，直立或反转，两面粗糙。每节分枝 3 枚近相等，斜举，叶片阔披针形至披针形，长 11~18cm，宽 1.7~2.5cm。

笋期 5 月。笋味鲜美，并可加工笋干，是夏季优良笋用竹种。

分布于福建、江西。浙江有栽培。

2.3.1.15　苦竹 *Pleioblastus amarus*

秆直立，高 3~5m，径 1.5~2cm，秆壁厚约 6mm，幼秆淡绿色，具白粉，老后渐转绿黄色，被灰白色粉斑；节间圆筒形，在分枝一侧的下部稍扁平，通常长 27~29cm，节下方粉环明显；秆环隆起，高于箨环；箨环留有箨鞘基部木栓质的残留物，在幼秆的箨环还具一圈发

达的棕紫褐色刺毛；秆每节具
5~7枝，枝稍开展（图2-19）。
箨鞘革质，绿色，被较厚白粉，
上部边缘橙黄色至焦枯色，背部
无毛或具棕红色或白色微细刺
毛，易脱落，基部密生棕色刺
毛，边缘密生金黄色纤毛；箨耳
不明显或无，具数条直立的短缝
毛，易脱落而变无缝毛；箨舌截
形，高1~2mm，淡绿色，被厚的
脱落性白粉，边缘具短纤毛；箨

图2-19　苦竹

片狭长披针形，开展，易向内卷折，腹面无毛，背面有白色不明显短
绒毛，边缘具锯齿。末级小枝具3或4叶；叶鞘无毛，呈干草黄色，
具细纵肋；无叶耳和箨口缝毛；叶舌紫红色，高约2mm；叶片椭圆状
披针形，长4~20cm，宽1.2~2.9cm，先端短渐尖，基部楔形或宽楔
形，下表面淡绿色，生有白色绒毛，尤以基部为甚，次脉4~8对，小
横脉清楚，叶缘两侧有细锯齿；叶柄长约2mm。总状花序或圆锥花
序，具3~6小穗，侧生于主枝或小枝的下部各节，基部为1片苞片所
包围，小穗柄被微毛；小穗含8~13朵小花，长4~7cm，绿色或绿黄
色，被白粉；小穗轴节长4~5mm，一侧扁平，上部被白色微毛，下部
无毛，为外稃所包围，顶端膨大呈杯状，边缘具短纤毛；颖3~5片，
向上逐渐变大，第一颖可为鳞片状，先端渐尖或短尖，背部被微毛和
白粉，第二颖较第一颖宽大，先端短尖，被毛和白粉，第三、四、五
颖通常与外稃相似而稍小；外稃卵状披针形，长8~11mm，具9~11
脉，有小横脉，顶端尖至具小尖头，无毛而被有较厚的白粉，上部边
缘有极微细毛，因后者常脱落而变为无毛；内稃通常长于外稃，罕或
与之等长，先端通常不分裂，被纤毛，脊上具较密的纤毛，脊间密被
较厚白粉和微毛；鳞被3，卵形或倒卵形，后方一片形较窄，上部边
缘具纤毛；花药淡黄色，长约5mm；子房狭窄，长约2mm，无毛，上
部略呈三棱形；花柱短，柱头3，羽毛状。成熟果实未见。花期4~

5月。

笋期6月，笋味苦，部分产区喜食。嫩叶、嫩苗、根茎等均可供药用。具有清热、解毒、凉血、清痰等功效。篾性一般，当地用以编篮筐，秆材还能作伞柄或菜园的支架以及旗竿、帐竿等用。

主产于江苏、安徽、浙江、福建、湖南、湖北、四川、贵州、云南等地。模式标本采自浙江杭州灵隐寺。

2.3.2 混生型笋用竹种

方竹 *Chimonobambus quadrangularis*

秆直立，绿色，高3~8m，径1~6cm，节间长8~22cm，呈钝圆的四棱形，幼时密被向下的黄褐色小刺毛，毛落后仍留有疣基，故甚粗糙（尤以秆基部的节间为然），秆中部以下各节环列短而下弯的刺状气生根；秆环位于分枝各节者甚为隆起，不分枝的各节则较平坦；箨环初时有一圈金褐色绒毛环及小刺毛，以后渐变为无毛（图2-20）。箨鞘纸质或厚纸质，早落性，短于其节间，背面无毛或有时在中上部贴生极稀疏的小刺毛，鞘缘生纤毛，纵肋清晰，小横脉紫色，呈极明显方格状；箨耳及箨舌均不甚发达；箨片极小，锥形，长3~5mm，基部与箨鞘相连接处无关节。末级小枝具2~5叶；叶鞘革质，光滑无毛，具纵肋，在背部上方近于具脊，外缘生纤毛；鞘口继毛直立，平

（a） （b）

图2-20 方竹

（a）竹秆 （b）竹笋

滑，易落；叶舌低矮，截形，边缘生细纤毛，背面生有小刺毛；叶片薄纸质，长椭圆状披针形，长 8~29cm，宽 1~2.7cm，先端锐尖，基部收缩为一长约 1.8mm 的叶柄，叶片上表面无毛，下表面初被柔毛，后变为无毛，次脉 4~7 对，再次脉为 5~7 条。花枝呈总状或圆锥状排列，末级花枝纤细无毛，基部宿存有数片逐渐增大的苞片，具稀疏排列的假小穗 2~4 枚，有时在花枝基部节上即具一假小穗，此时苞片较少；假小穗细长，长 2~3cm，侧生假小穗仅有先出叶而无苞片；小穗含 2~5 朵小花，有时最下 1 或 2 朵花不孕，而仅具微小的内稃及小花的其他部分；小穗轴节间长 4~6mm，平滑无毛；颖 1~3 片，披针形，长 4~5mm；外稃纸质，绿色，披针形或卵状披针形，具 5~7 脉；内稃与外稃近等长；鳞被长卵形；花药长 3.5~4mm；柱头 2，羽毛状。

笋期 8 月至翌年 2 月，笋肉丰、味美，是较好的笋用竹种。秆可作手杖。因质地较脆，故不宜用劈篾编织；其秆独特，观赏价值高。

产于江苏、安徽、浙江、江西、福建、台湾、湖南和广西等地。日本也有分布。欧美一些国家有栽培。模式标本采自浙江温州。

方竹喜光、稍耐阴，喜肥沃、湿润排水良好的土壤，笋肉味美。适宜山区农户房前屋后种植，是山区农户致富发展的优良竹种。

在观赏竹种发展方面有广阔应用前景和加工风味笋产品的良好竹种。

2.3.3　丛生型笋用竹种

2.3.3.1　绿竹 *Dendrocalamopsis oldhami*

绿竹因竹身全绿而得名。别名甜竹、吊丝竹，俗称"马蹄笋"，为最著名笋用竹种。秆较高大，近直立，节间圆筒形，单丛生；高 6~12m，径 3~9cm，秆壁厚 4~12mm。秆分枝高，每节枝条多数，簇生，主枝粗壮。箨鞘早落，革质，质地坚韧，绿色，背面无毛或被褐色刺毛，顶端截形或两肩部广圆，箨耳圆形；箨叶直立，三角形；叶片长圆状披针形，长 15~20cm，宽 3~6cm。假小穗单生或簇生于花枝各节，通常较短，体圆或两侧扁，先端尖锐；苞片 1~5，全部均具腋芽或上方 1 或 2 片无芽；小穗含 5~12 朵小花，小花排列紧密，顶端小花通常不孕；小穗轴短缩，在小花间决不外露，质地较坚韧而不易折

图 2-21　绿竹笋

断，常使小穗整个脱落；颖 1 或 2 片；外稃具多脉，先端渐尖；内稃较其外稃为甚窄，背部具 2 脊，脊上和边缘均生纤毛；鳞被 3，近同形，常为卵状披针形；雄蕊 6，花丝分离，花药长，顶端呈小尖头状，其上还生小刺毛；花柱 1，稀可 2 裂，较短或亦可延长，柱头通常 3，稀 2 或 1，羽毛状，子房全体密生小刺毛，在横切面上可见有 3 维管束。颖果。

笋期 5~11 月，为著名笋用竹种，笋味甜美，可鲜食，也可加工成笋干和罐头（图 2-21）。

2.3.3.2　麻竹 Dendrocalamus latiflorus

秆高 20~25m，直径 15~30cm，梢端常下垂或弧形弯曲；节间长 45~60cm，幼时被白粉，但无毛，仅在节内具一圈棕色绒毛环；壁厚 1~3cm；秆分枝习性高，每节分多枝，主枝常单一。箨鞘易早落，厚革质，呈宽圆铲形，背面略被小刺毛，但易落去而变无毛，顶端的鞘口部分甚窄（宽约 3cm）；箨耳小，长 5mm、宽 1mm；箨舌高仅 1~3mm，边缘微齿裂；箨片外翻，卵形至披针形，长 6~15cm、宽 3~5cm，腹面被淡棕色小刺毛。末级小枝具 7~13 叶，叶鞘长 19cm，幼时黄棕色小刺毛，后变无毛；叶耳无；叶舌突起，高 1~2mm，截平，边缘微齿裂；叶片长椭圆状披针形，长 15~35（50）cm，宽 2.5~7（13）cm，基部圆，先端渐尖而成小尖头，上表面无毛，下表面的中脉甚隆起并在其上被小锯齿，幼时在次脉上还生有细毛茸，次脉 7~15 对，小横脉尚明显；叶柄无毛，长 5~8mm。花枝大型，无叶或上方具叶，其分枝的节间坚硬，密被黄褐色细柔毛，各节着生 1~7 枚乃至更多的假小穗，形成半轮生状态；小穗卵形，甚扁，长 1.2~1.5cm、宽 7~13mm，成熟时为红紫或暗紫色，顶端钝，含 6~8 朵小花，顶端小花常较大，成熟时小花能广张开；颖 2 片至数片，广卵形至广椭圆形，长约 5mm，宽约 4mm，两表面之上部均具微毛，边缘生纤毛；外稃与颖类似，黄绿色，唯边缘之上半部呈紫色，长 12~13mm，宽 7~16mm，具多脉（29~33 条），小横脉明显；内稃长圆状披针形，长 7~

11mm，宽 3~4mm，上半部呈淡紫色，脊间 2 或 3 脉，两脊外至边缘各有 2 脉，脊上及边缘均密生细长纤毛；鳞被不存在；花药黄绿色，成熟后能伸出小花外，长 5~6mm，花药隔先端伸出成为小尖头，其上还生有微毛；子房扁球形或宽卵形，上半部散生白色微毛而下半部无毛，具子房柄，有腹沟，其长约 7mm，花柱密被白色微毛，柱头单一，与花柱间无明显界限，偶或柱头 2 枚。果实为囊果状，卵球形，长 8~12mm，粗 4~6mm，果皮薄，淡褐色。

图 2-22 麻竹笋

产于福建、台湾、广东、香港、广西、海南、四川、贵州、云南等地。在浙江南部和江西南部亦见少量栽培。越南、缅甸有分布。模式标本采自我国台湾和香港。

本种是我国南方栽培最广的竹种，笋味甜美，每年均有大量笋干和罐头上市，甚至远销日本和欧美等国（图 2-22）。秆亦供建筑和篾用，庭园栽植，观赏价值也高。

2.3.4 笋用竹种配置建议

不同竹种笋期不同，同一竹种在不同的地方笋期也有差异。

由于竹子生物学特性和天然分布的地域性限制，自然状态下，竹子出笋一般持续 1~2 个月，最长的方竹也只有 5 个多月。单一的竹种无法满足四季或常年向市场供笋，严重制约了市场及相关加工企业的需要。

为此，根据竹子的生物多样性和资源特点，将各种笋期不同的竹种，利用区域范围内的生态条件，进行合理配置，组合栽培，使竹笋在生长和生产时间、空间上达到相对均匀，并互相调剂、互为补充，做到四季甚至周年生产。

为了适应市场和加工的需要，发展笋用竹林时，不但要考虑竹种笋产量和品质，还要注意笋期的搭配，尽量延长鲜笋供应时间。

根据江西省的自然条件，可考虑在赣南、赣中和赣北选择不同的笋用竹种进行合理配置，形成周年供笋模式，详见表 2-2。

表2-2 江西省全年供笋竹种建议

竹种	时间：月份											
	12	1	2	3	4	5	6	7	8	9	10	11
毛竹	**	***										
雷竹	***	***	**									
高节竹			***	****	**	***						
哺鸡竹类					***	**						
角竹					*	***						
水竹					**	***						
刚竹					**	**						
黄甜竹					*	***						
淡竹					*	***						
方竹	**	**							*	***	***	***
麻竹							***	***	***	***	***	**
绿竹							***	***	***	***	***	**

注：*表示竹笋产量的多少，数量越多表示产笋量越多。

2.4　江西省主要经济竹笋营养状况

2.4.1　竹笋主要营养成分

竹笋的营养成分包括人体生长发育需要的营养物质，是一种高蛋白，低脂肪，糖分和纤维含量中等，磷、铁、钙等矿质营养元素含量丰富的天然健康食品。这些营养元素均可被人体吸收，一部分作为人体生长发育的物质基础和新陈代谢能量的基本来源，如蛋白质、脂肪、碳水化合物（糖类）等；一部分作为人体发育和新陈代谢生理活动的调节物质，如维生素和微量元素等；还有一部分可作为促进人体健康和新陈代谢的物质，如粗纤维等（表2-3）。

一般鲜笋中，含水分84.1%～92.0%，蛋白质1.9%～4.0%，脂肪0.33%～0.62%，总糖0.78%～5.9%，其中可溶性糖0.44%～2.9%，纤维素0.61%～1.0%，灰分0.73%～1.20%，磷44～92mg/kg，铁0.4～1.9mg/100g，钙4.2～30.0mg/100g。

表2-3　竹笋营养及功能

序号	竹笋营养物质	人体功能需要
1	碳水化合物（糖类）	生长发育物质
2	蛋白质类	新陈代谢能量
3	脂肪类	
4	维生素	生理活动调节物质
5	微量元素	
6	粗纤维	健康和代谢促进物质

2.4.1.1　蛋白质

蛋白质是由多种氨基酸结合而成的高分子化合物，是生物体主要的组成物质之一，是人体不可缺少的营养物质。竹笋中粗蛋白质含量1.9%～4.0%。竹笋中的粗蛋白质容易被人吸收，营养价值较高。竹笋不同部位中蛋白质含量明显不同。一般在低纬度比高纬度含量要低。

2.4.1.2　氨基酸

氨基酸是人体合成蛋白质的基本成分，其中一部分氨基酸必须从食物中摄取，被称为营养必需氨基酸。其中，胱氨酸和酪氨酸为两种半需氨基酸。

竹笋富含 18 种氨基酸，其中有人体必需的氨基酸 8 种、半需氨基酸 2 种。由此可见，竹笋中氨基酸种类较多，是理想的营养食品。

2.4.1.3 脂肪

脂肪的营养作用表现在提供能量及营养必需的脂肪酸和脂溶性维生素等。但是，人体内积累过多的脂肪，常常引起肥胖症、心血管病和高血压等疾病。竹笋中脂肪含量一般为 0.33%~0.62%，虽然比较低，但较常见蔬菜含量高，且竹笋中的脂肪消化率较高，所含人体必需的脂肪酸也较丰富，作为食物资源，近年来日益受到市场欢迎。

2.4.1.4 糖类

糖类是指含醛基或酮基的多羟基碳氢化合物以及它们的缩聚产物和某些衍生物的总称，是生物的主要能源，是人体不可缺少的营养物质之一。每克碳水化合物可提供能量约为 16.7kJ。总糖中包括单糖、双糖和多糖。单糖和双糖为可溶性糖，多糖大多不溶于水。竹笋中总糖含量 0.78%~5.9%，可溶性糖含量 0.36%~2.9%。

2.4.1.5 纤维素

纤维素是由许多葡萄糖分子缩聚而成的多糖，一般不易为人体直接消化利用。但是，食物中含有适量纤维素，对人体消化系统的健康有益。纤维素能增进肠道蠕动，增加消化液的分泌，促进肠道内废物的排出，从而有利于防止便秘，减少有害物质的积留与吸收，纤维素在肠道内能与饱和脂肪酸结合，从而减少它的吸收，降低血脂和胆固醇，被人们认为具有抗肠癌作用，竹笋中适宜的纤维素含量对排除肠道毒性或刺激物质有积极作用。竹笋中纤维素含量为 0.61%~1.0%。

2.4.1.6 矿质元素

竹笋中，除上述营养成分外，还有铁、钙等矿质盐类及维生素 A、B、C 等，这些成分不少是人体必需的元素。

竹笋鲜嫩，味美可口。随着人们生活水平的提高，竹笋已成为广大消费者理想的健康卫生食品。从以上竹笋营养成分来看，竹笋的营养非常丰富，特别是蛋白质含量比常见蔬菜要高，比大白菜要高 1 倍。竹笋脂肪含量较低，食用纤维含量较高，因此，经常食用竹笋不易引起身体肥胖，可减少肠癌的发生。不同竹种的竹笋营养成分有所不同，同一竹笋不同部位营养成分也有所不同，同一竹笋在不同生长发育阶段营养成分也会发生变化；栽培条件的变化也可能会引起竹笋的营养成分发生改变（表 2-4）。

表 2-4　不同竹笋营养成分比较　　　　　%

竹种	水分	蛋白质	脂肪	总糖	可溶性糖	纤维素	灰分	P (mg/kg)	Fe (mg/100g)	Ca (mg/100g)
毛竹冬笋	84.1	3.6	0.49	5.9	2.9	1.0	0.79	64	1.9	8.2
毛竹春笋	91.2	2.5	0.39	4.0	1.5	0.89	0.82	44	0.6	5.8
早竹	91.1	2.6	0.41	3.1	1.1	0.77	0.84	60	1.0	4.2
乌哺鸡竹	90.9	2.8	0.39	2.9	1.6	0.82	0.81	66	0.6	13.0
红哺鸡竹	90.8	2.9	0.46	2.8	1.7	0.84	0.90	66	0.8	9.7
白哺鸡竹	91.0	3.4	0.39	2.3	1.2	0.68	0.94	74	0.7	8.5
水竹	90.6	4.0	0.62	1.3	0.36	0.71	1.20	92	1.0	15.0
方竹	91.3	3.6	0.33	0.78	0.44	0.61	1.10	92	0.8	30.0
金佛山方竹	92.0	3.0	0.34	0.89	0.53	0.68	1.10	76	0.6	18.0
麻竹	91.1	2.1	0.49	2.4	1.5	0.84	0.75	45	0.4	12.0
绿竹	90.3	1.9	0.47	2.8	1.6	0.73	0.73	52	0.7	11.0

本书以江西省内毛竹笋、方竹笋及雷竹笋为例进行详细分析。

2.4.2　毛竹笋营养成分

毛竹笋作为毛竹林资源的重要产品，是一种低脂肪、低糖、低热食品，其营养丰富、味美可口，除了鲜食外，还被加工成各类笋干制品和罐头类产品，备受消费者青睐。

作者采集江西 11 个设区市 3 个毛竹集中分布区鲜笋样品，分析不同区域、立地条件下毛竹笋品质的分异情况，旨在为毛竹笋无公害分类生产经营提供指导和理论依据。

2.4.2.1 试验地概况

试验地分布于江西 11 个设区市毛竹主产县（区）。江西处于长江中下游南岸，地理位置 113°34′~118°28′E、24°29′~30°04′N，属亚热带季风气候区，水热条件十分优越，境内多山，地形复杂，生境多样，雨量充沛，日照充足，四季平均气温 16.3~19.7℃，年均降水量 1278.2~2734.0mm，年均日照时数 1274.2~2086.0h，年均无霜期 240~307d。全省现有毛竹林面积近 100 万 hm^2，广布各县（区），其中有 3 个集中分布区，垂直分布于海拔 1300m 以下，主要为材用林，多为纯林，部分与杉木混交。平均立竹度 1770 株/hm^2，平均胸径约 9cm。毛竹林土壤类型较多样化，林下生物多样性丰富。

2.4.2.2 试验设计

根据江西省毛竹点，选择片区、海拔、坡向和林分类型 4 个因子，前 3 个因子 4 个水平、林分类型 2 个水平，在江西全省共布设试验林（因素与水平见表 2-5）12 处，并在试验林分内设置 20m×20m 的临时样地 1 个。

表 2-5　试验因素、水平及处理

项目	A （片区）	B （坡向）	C （海拔）	D （林分类型）
1	赣东	东	<300m	纯林
2	赣南	南	300~500m	混交林
3	赣西	西	500~800m	
4	赣北	北	>800m	
处理号		因素水平		
1	1	1	1	2
2	1	2	2	1
3	1	3	3	2
4	1	4	4	2
5	2	2	1	1
6	2	1	2	1
7	2	4	3	2
8	2	3	4	2

（续）

处理号	因素水平			
9	3	3	1	1
10	3	4	2	1
11	3	1	3	2
12	3	2	4	2
13	4	4	1	1
14	4	3	2	1
15	4	2	3	2
16	4	1	4	2

2.4.2.3 笋样采集及处理

在样地内随机挖取 3 个大小基本一致、无机械损伤、出土 20cm 左右的笋样后立即送实验室，称量笋体重量，并剥去笋箨、切除不可食部分，取剩余可食部分，及时称重，并将各个样地的样品切成小方块混合，置于 130℃的烘箱杀青 10min，再用真空干燥机于 60～70℃烘干，粉碎后过 60 目筛，保存于干燥器中。

2.4.2.4 分析测定方法

（1）营养成分

对竹笋含水量、脂肪、粗纤维、可溶性总糖、灰分等进行了检测。其中灰分按 GB/T 14770—93《食品中灰分的测定方法》测定，重量法测定粗纤维含量，索氏提取法测定粗脂肪含量，蒽酮比色法测定可溶性糖含量。

（2）矿质元素

根据 SN/T 13524《出口鲜笋检验规程》要求，对竹笋中砷、铅、汞、镉、铜、锌及亚硝酸盐进行检测，增加微量元素硼、钼 2 个指标。其中：砷按照 GB/T 5009.11—2003 检测，铅按照 GB/T 5009.12—2003《食品中铅的测定方法》检测，汞按照 GB/T 5009.17—2003《食品中汞的测定方法》检测，镉按照 GB/T 5009.15—2003《食品中镉的测定方法》检测，铜按照 GB/T 5009.13—2003《食品中铜的测定方法》检测，锌按照 GB/T 5009. 14—2003《食品中锌的测定方法》检测。微量元素硼、钼用 ICP 法检测。亚硝酸盐按照 GB/T 5009. 33—2003《食品中亚硝酸盐与硝酸盐的测定方法》检测。

2.4.2.5　结果分析

（1）毛竹笋营养品质区域分异性分析

①总体分析：从测试结果分析可知（表2-6）：A 因素对个体有效产量、含水量的影响最大，其中赣西地区的个体有效产量最高，赣北地区的含水量最高；B 因素对脂肪、粗纤维、灰分含量的影响最大，其中以东坡脂肪和粗纤维含量、海拔 800m 以上灰分含量最高；C 因素对可溶性糖含量影响最大，其中，可溶性总糖最高含量出现在南坡。

表 2-6　毛竹笋品质因子极差分析

因素	水平	个体有效产量（kg）	含水量（%）	脂肪（%）	粗纤维（%）	可溶性总糖（%）
A	1	0.75	92.46	0.70	28.01	51.11
	2	0.76	91.65	0.67	27.08	60.26
	3	1.26	93.00	0.68	27.71	60.04
	4	0.53	93.36	0.65	21.73	41.65
	R	0.87	2.25	0.06	8.81	27.54
B	1	0.82	92.77	0.74	31.95	45.90
	2	0.64	92.76	0.73	20.32	68.27
	3	1.05	92.45	0.64	27.35	48.04
	4	0.80	92.49	0.61	24.90	50.84
	R	0.44	0.59	0.22	14.08	30.01
C	1	0.81	92.56	0.66	21.18	65.68
	2	0.68	92.27	0.72	26.39	40.91
	3	1.10	92.65	0.68	30.84	45.56
	4	0.71	92.99	0.66	26.12	60.91
	R	0.55	0.81	0.08	9.94	40.12
D	1	0.78	92.77	0.66	23.00	58.56
	2	0.88	92.46	0.69	29.26	47.97
	R	0.10	0.31	0.03	6.26	10.58

从方差分析表可知，供试的 4 个因素对各个监测因子的影响规律相对一致，其中，D 因素的贡献率最高（表 2-7）。

表 2-7　方差分析 F 值（$F_{0.05} = 19.16$）

	灰分（%）个体有效产量（kg）	含水率（%）	脂肪（%）	粗纤维（%）	可溶性总糖（%）
A	0.039	0.030	0.028	0.028	0.030
B	0.031	0.029	0.029	0.030	0.031
C	0.032	0.031	0.028	0.029	0.032
D	1.747	1.752	1.750	1.757	1.753

②毛竹笋个体有效产量：目前，毛竹林分竹笋产量概念，指的是从林地直接采挖竹笋的重量。本项目首次提出竹林有效产量和竹笋个体有效产量的概念，即笋体剔除蔸、箨叶等之后能直接用于生产或食用的部分为个体竹笋有效产量，林分所有竹笋个体有效产量的总和即为林分有效产量。

处理 1 和 9 的个体有效产量最高，为 1.57，极差分析结果显示，赣西地区的个体有效产量最高，最佳组合为赣西地区、西坡、海拔 500~800m、混交林。而方差分析则表明，因素 D 贡献率达到最高，纯林内的竹笋个体有效产量明显高于混交林。由此可知，纯林竹笋的有效利用率较高，经营笋用林时尽量选择纯林作为经营对象，这不仅能减少竹笋食用过程中废弃物的产生，同时，也大大降低了消费者的有效消费成本。

③含水量：含水量直接影响着竹笋的口感。极差分析结果显示，全省竹笋的含水量差异不大，以赣北地区稍高，海拔对含水量的影响微乎其微，方差分析则显示，林分类型对水分含量的影响较显著，纯林有利于提高竹笋的含水量。

④脂肪含量：绿色食品中的脂肪可降低血液中胆固醇含量，有助预防心血管病；还可促进脑细胞发育，提高记忆力，特别是 ω-3 脂肪酸，多吃心情好、不抑郁。也正因为如此，竹笋中脂肪的含量也成为衡量竹笋品质的一个重要标准。

试验结果显示，全省竹笋的脂肪量差异不大，坡向的影响稍高，其中东坡最高，其次为南坡。方差分析则显示，林分类型对其响应较大，混交林含量较纯林高。

⑤粗纤维：近年来人类认识到粗纤维对人体有四大功能：一是有效改善胃肠道功能，防治便秘，预防肠癌；二是改善血糖生成反应，降低餐后血糖含量，帮助治疗糖尿病；三是降低血浆中的胆固醇含量，防治高脂血症和心血管疾病；四是控制体重，减少肥胖病的发生。粗纤维也因此作为竹笋营养的一个主要成分而被人们所认识。

分析结果显示，全省4个地区竹笋粗纤维的含量基本持平；而不同坡向则差异显著，R达到14.08，最高值出现在东坡31.95，最低值则出现在南坡20.32；海拔500~800m处的含量也较高，高出平均水平4.71。混交林含量较纯林高出6.26，方差分析结果则不显著。

⑥可溶性总糖：可溶性总糖是人体能源物质的重要组成部分，是人体不可缺少的营养物质。尹卓容研究发现竹笋的可溶性总糖主要为果糖、葡萄糖和蔗糖，而Yoko et al.研究发现毛竹的淀粉和自由葡萄糖含量存在季节性波动。

本试验测得可溶性糖的含量最大值（处理10，90.39）接近最低值（处理12，31.46）的3倍；极差分析显示对海拔的响应最大，R达到40.12，方差分析则表明林分类型对其影响最大，但没有达到显著水平。

⑦灰分：灰分是反应竹笋内矿质元素含量的一个重要指标，灰分多则矿质元素含量高，反之则低。矿质元素人体不能合成，必须从食物和饮水中摄取。它具有重要的生理功能：如调节细胞膜的通透性，维持神经和肌肉的兴奋性，并且矿质元素是组成激素、维生素、蛋白质和多种酶类的重要成分。

从表2-8来看，江西全省竹笋的灰分含量分异性不大，虽然最高值处理13（0.71），接近于最低值处理6（0.24）、处理12（0.24）的3倍，但绝对差不大。坡向对灰分的积累影响相对较大，东坡（0.53）有利于促进竹笋灰分的积累，误差达到0.28；海拔越高，灰分含量越多；赣西地区的最低，仅0.31。

⑧小结：赣北地区的竹笋除含水量外，其他营养成分含量基本居

于末位，在全省竹笋中，营养品质处于劣势地位。

东坡总体来讲有利于营养物质的积累，特别是脂肪、粗纤维、矿物质和水分方面，优势尤其明显，但对于糖分的积累却在各坡向中处于最低水平。

海拔对于营养成分的影响总体表现为以500m为分界线，500m以上明显优于500m以下区域，但分界线两边的区域分异性不大。

毛竹纯林有利于促进毛竹笋各营养成分的积累，特别是含水量和粗纤维含量，明显高于混交林分，这一点启示我们今后在经营毛竹笋时，可尽量选用林分混交成分少的纯林为经营对象。

（2）江西毛竹笋矿质元素含量区域分异性分析

矿质元素是人体不能合成的，必须从食物和饮水中摄取。它具有重要的生理功能：如调节细胞膜的通透性，维持神经和肌肉的兴奋性，并且矿质元素是组成激素、维生素、蛋白质和多种酶类的重要成分，因此，矿质元素特别是微量元素的含量水平一度成为衡量森林食品品质的一个重要指标。毛竹笋作为毛竹林资源的重要产品，是一种低脂肪、低糖、低热食品，其营养丰富、味美可口，除了鲜食外，还被加工成各类笋干制品和罐头类产品，备受消费者青睐。其品质也越来越受到社会各界的关注和重视。

①总体分析：从表2-8分析结果可知，A因素对钙的影响最大，其中赣北地区的含量最高；B因素对灰分、铜、镍、钙、锰含量的影响最大，其中以海拔800m以上灰分、北坡的镍、钙及锰含量最高，但是，铜元素含量最高值出现在赣西地区；C因素对全氮、全磷、镁含量影响最大，其中，海拔800m以上地区全磷和镁含量最高，而全氮含量最高值出现在东坡。

表2-8　毛竹笋矿质元素含量测定及极差值　　　　　　mg/kg

编号	灰分（%）	全氮（%）	全磷	钙	镁	铜	镍	锰
1	0.47	3.59	0.27	80.73	20.33	0.46	0.22	3.23
2	0.45	3.63	0.28	61.50	17.53	0.47	0.21	4.38
3	0.47	3.58	0.29	101.80	21.16	0.48	0.24	4.80

（续）

编号	灰分（%）	全氮（%）	全磷	钙	镁	铜	镍	锰
4	0.40	3.57	0.29	233.60	23.19	0.47	0.52	7.30
5	0.59	4.32	0.22	185.10	17.85	0.45	0.18	4.19
6	0.24	3.57	0.09	40.70	15.91	0.28	0.18	1.48
7	0.61	3.84	0.37	225.90	22.83	0.65	0.45	8.38
8	0.45	3.67	0.29	190.65	22.53	0.51	0.38	7.83
9	0.36	3.60	0.26	180.80	18.43	0.45	0.19	4.91
10	0.32	4.03	0.32	28.00	18.12	0.32	0.38	2.25
11	0.34	3.98	0.29	90.31	19.32	0.73	0.43	5.44
12	0.24	4.03	0.02	144.30	20.99	0.89	0.47	8.39
13	0.71	4.48	0.38	111.20	21.10	0.40	0.23	4.16
14	0.45	3.72	0.34	222.30	22.47	0.46	0.47	7.80
15	0.41	3.66	0.30	153.79	17.24	0.49	0.38	7.13
16	0.33	3.57	0.31	183.90	11.01	0.55	0.34	6.97
均值	0.43	3.80	0.27	139.67	19.38	0.50	0.33	5.54
因素				极差值（R）表				
A	0.23	0.42	0.15	98.10	3.16	0.44	0.13	1.95
B	0.28	0.39	0.11	103.46	1.74	0.50	0.29	5.96
C	0.17	0.57	0.19	88.51	7.41	0.14	0.13	2.55
D	0.01	0.09	0.03	24.78	1.18	0.02	0.05	0.50

从表2-9可知，供试的4个因素对各个监测因子的影响规律相对一致，各因素对矿质元素含量的影响均不显著。

表2-9　方差分析 F 值（$F_{0.05} = 19.16$）　　　　mg/kg

变异来源	灰分（%）	全氮（%）	全磷	钙	镁	铜	镍	锰
A	0.030	0.028	0.030	0.031	0.028	0.029	0.029	0.029
B	0.031	0.028	0.029	0.035	0.028	0.032	0.035	0.036
C	0.030	0.028	0.032	0.032	0.029	0.029	0.029	0.030
D	1.748	1.750	1.754	1.761	1.752	1.752	1.753	1.751

②灰分含量：各观测因素对灰分含量分异性的影响从大到小依次为坡向>地区>海拔>林分类型。

分因素排序为：赣南、赣北>赣西>赣东；东坡>西坡>南坡>北坡；海拔 800m 以上>500~800m>300~500m >300m 以下；混交林>纯林。

③矿质元素氮、磷含量：竹笋氮、磷含量的高低，直接反映了土壤供给母竹养分能力的高低。通过分析测定样品中氮、磷的含量，结果表明：东坡竹笋中氮、磷的含量均为最高，其次为赣西地区和海拔>800m 区域。各观测因素对氮、磷含量分异性的影响从大到小均为海拔>地区>坡向>林分类型。

氮含量的大小按各因素排序依次为赣西>赣北>赣南>赣东；东坡>西坡>南坡>北坡；海拔 800m 以上>300~500m>300m 以下>500~800m；纯林>混交林，这与灰分的含量规律基本一致。按地区排序规律与笔者对毛竹林土壤含氮量的研究规律一致，而海拔的影响则相悖。

磷的含量排序依次为赣北>赣东>赣南>赣西；西坡>东坡>北坡>南坡；800m 以上>500~800m>300m 以下>300~500m；混交林与纯林含量持平。这与灰分的含量规律基本一致，但与笔者对土壤磷含量的研究规律相悖，具体原因有待于进一步研究。

④矿质元素钙、镁、铜含量：钙是人体含量最丰富的元素之一，是人体骨骼的主要成分，也在人体神经应激、心动节律维持、血液凝固等多方面起着举足轻重的作用。人类从食物中获取钙，如果钙摄取不足，血钙就会降低，进而产生一系列疾病，如神经、肌肉兴奋增强，出现昏厥、激惹，甚至有死亡的危险，所以说维持血钙的稳定其实就是在维持生命。因此，近年来，钙含量的高低也成为衡量竹笋品质的一个重要指标。

试验数据显示，江西毛竹笋中钙的含量总体较高，其中最高值（233.60）是西坡，最低值（40.70）是南坡，两者差距较大。随各因素排序依次为赣北>赣西>赣东>赣南；北坡>西坡>东坡>南坡；500~800m>800m 以上>300~500m>300m 以下；混交林>纯林。钙的含量受地区、海拔和林分类型的影响规律与灰分基本一致，而坡向的影响规律则与之相反。

镁、铜是人体所必需的微量元素。镁广泛存在于人体细胞中，具有特殊功能，不仅可以激发人体内 300 多个酶系统的活性，抑制神经兴奋，还同钙、钾、钠协同作用，共同维持肌肉、神经系统的兴奋性。而铜具有重要的生理功能和营养作用，适当提高铜的含量，可以促使生物体内无机铁变为有机铁，提高毛竹笋的营养价值。

镁含量最高值（23.19）是赣东地区，最低值（11.01）出现在海拔 300m 以下区域，但差值不大。对各因素的响应从大到小依次排序为赣东>赣北>赣南>赣西；西坡>北坡、东坡>南坡；800m 以上>500~800m>300~500m>300m 以下；纯林>混交林。除林分类型外，镁的含量分布规律与灰分基本相似，但不完全一致，如最低值都出现在赣西地区，而灰分含量较高的赣南地区，镁的含量则较低；灰分和镁含量都随海拔的升高而递增等。

而铜的含量最高值（0.89）出现在赣南地区，最低值（0.28）出现在赣北地区，两者相差较大。其排序依次为赣南>赣东、赣西>赣北；西坡>南坡>北坡>东坡；300m 以下>300~500m、500~800m>800m 以上；混交林>纯林。随地区、坡向、林分类型的分布规律与灰分基本一致，但随海拔的增高而减少，这与其他所有矿质元素含量的分布规律恰恰相反。

各观测因素对钙、镁、铜含量分异性的影响从大到小依次为：坡向>地区>海拔>林分类型，海拔>地区>坡向>林分类型，坡向>地区>海拔>林分类型。

⑤矿质元素镍、锰含量：微量元素镍和锰，是人体内必需的微量元素，分布于人体各器官。镍是身体中一些酶的重要组分，可以激活酶，促进心肌细胞修复与生长，对维持人体生理功能起着重要作用。锰参与许多酶的合成与激活，参与人体糖、脂肪的代谢，加快蛋白质、维生素 C、维生素 B 的合成，催化造血机能，调节内分泌，提高机体免疫功能等，对人体健康有重要作用。

本次试验江西竹笋中镍的含量最高达到了 0.52（处理 4），最低值则为 0.18（处理 5、6）；而锰最高值为 8.39（处理 12，处理 7 为8.38），最低值为 1.48（处理 6），分异性较大。根据表 2-8、表 2-9

分析结果显示，各因素对镍和锰的分异性影响由大到小依次为：坡向>地区、海拔>林分类型；坡向>海拔>地区>林分类型。其中，坡向的影响远远大于其他因素。

镍元素含量分异性分因素排序依次为赣西>赣北>赣南、赣东；北坡>西坡>南坡>东坡；800m 以上>500~800m>300~500m>300m 以下；纯林>混交林。锰则是赣南>赣东、赣西>赣北；南坡>西坡>东坡>北坡；800m 以上>500~800m>300~500m>300m 以下；纯林>混交林。

⑥小结：极差分析显示，林分类型对各矿质元素的含量分异性影响最小，除镁元素外，其他矿质元素的含量均以纯林较高。

坡向对灰分及除镁以外的金属元素含量的影响均较大，其中钙、镍、镁均以北坡含量较高，氮和灰分以东坡含量较高。

海拔则对氮、磷和镁元素含量的影响较大，其中磷和镁元素均以海拔 800m 以上含量较高。

地区因素则不约而同地排在第二位，对各矿质元素的含量都有较大的影响力，赣北地区处于较高水平。

2.4.3　方竹笋营养成分

方竹为禾本科寒竹属植物，广泛分布于江西省海拔 300~900m 区域。方竹秆直立，呈钝圆的四棱形，秆茎 1~4cm，笋期 8 月至翌年 1 月，笋肉肥厚、笋味鲜美，是世界著名的笋用竹种，被著名林学家陈嵘先生誉为"竹笋之冠"，深受海内外市场喜爱。由于其笋期长且出笋旺季恰逢市场鲜笋供应淡季，可以弥补市场鲜笋的空白，具有很好的市场潜力。为此，本研究在收集江西省内 9 个方竹种源的基础上，对各种源竹笋部分营养成分及矿质元素含量进行分析，旨在为方竹进一步研究利用提供理论依据。

2.4.3.1　研究区概况

江西省位于长江中下游南岸，地理位置为 113°34′~118°28′E、24°29′~30°04′N。属亚热带季风气候区，水热条件十分优越，境内多山，地形复杂，生境多样，雨量充沛，日照充足，年平均气温 16.3~19.7 ℃，年均降水量 1278.2~2734.0mm，年均日照时数 1274.2~

2086.0h，年均无霜期240~307d。江西省现有竹类植物99.89万hm^2，广布各县（区），方竹则零星分布于各地海拔300~800m区域，又以海拔500m地带为多，林分基本都处于野生状态，林地土壤类型变化多样，林下生物多样性丰富。

2.4.3.2 材料与方法

（1）笋样采集及处理

在井冈山、安福县、万载县等9个方竹分布居群内，随机挖取大小基本一致、无机械损伤、出土20cm左右的笋样2~3kg，装入样品袋中放入样品冷藏箱；下山后剥去笋箨、切除不可食部分，取剩余可食部分冷冻保存。返回实验室后，将同一居群的样品切成小方块混合，置于130℃的烘箱杀青10min，再用真空干燥机于60~70℃烘干，粉碎后过60目筛，保存于干燥器中待测。

（2）分析测定方法

对竹笋还原糖、总黄酮、膳食纤维、锌（Zn）、硼（B）、硒（Se）、钼（Mo）7个成分含量进行检测。各营养成分及矿质元素检测方法见表2-10。

表2-10 各指标检测方法

序号	检测指标	检测方法
1	Zn	GB/T 5009.14—2003
2	B	GB/T 21918—2008
3	Se	GB/T 5009.93—2010
4	Mo	SN/T 0448—2011
5	还原糖	GB/T 5009.7—2008
6	总黄酮	GB/T 20574—2006
7	膳食纤维	GB/T 5009.88—2014

2.3.3.3 结果分析

（1）总体分析

从检测结果来看（表2-11），方竹各种源竹笋营养成分和矿质元素含量有一定的分异性，特别是硒元素，仅种源 7 和种源 8 有检出，其余地区均没有检出。

表 2-11　9 个种源方竹笋营养成分及矿质元素含量　　mg/kg

种源序号	种源地	种源地位置		海拔 (m)	含水量 (%)	还原糖 (g/100g)	总黄酮 (%)	膳食纤维 (g/100g)	Zn	B	Se	Mo
		N (°)	E (°)									
1	井冈山茨坪	26.33	114.10	580	92.70	0.60	0.017	2.58	8.00	0.70	0	0
2	井冈山朱砂冲	26.55	114.18	560	92.30	0.36	0.024	1.87	9.20	0.70	0	0.2
3	井冈山源头	26.63	114.10	720	92.50	1.12	0.034	1.97	7.20	0.46	0	0
4	安福县武功山	27.56	114.24	570	92.50	0.92	0.057	2.34	8.80	0.70	0	0.054
5	安福县浒坑镇	27.45	114.33	260	92.10	1.78	0.007	3.20	4.80	0.30	0	0.074
6	宜春市袁州区	27.60	114.36	510	91.80	0.46	0.056	3.21	7.40	0.63	0	0.11
7	万载县九龙垦殖场	28.33	114.53	110	91.60	2.43	0.023	4.77	11.00	0.71	0.0085	0.4
8	奉新县柳溪乡	28.72	114.86	560	92.10	0.65	0.007	2.45	4.86	0	0.0110	0.011
9	安远县天心镇	25.38	115.59	500	92.00	0.47	0.040	3.70	4.79	0	0	0.052
均值		27.17	114.48	485.56	92.18	0.98	0.030	2.90	7.34	0.47	0.00	0.10

注：含量水平居前 3 的标有下划线。

（2）含水量

含水量直接影响着竹笋的口感。检测结果显示，江西省方竹笋含水量均值为 92.18%，各种源间差异不大，以井冈山地区种源稍高。海拔对含水量的影响不大，整体上随着海拔升高略呈上升趋势。9个种源竹笋含水量由高到低依次为：种源1、4、3、2、8、5、9、6、7。

（3）还原糖含量

还原糖是决定竹笋营养的主要成分，也是决定其风味的主要物质。整体上，江西各方竹种源竹笋还原糖含量（g/100g）远远高于浙江省丽水市引种的合江方竹等13种不同种源方竹笋的含量（均值0.01）。从表2-10可以看出，9个种源的方竹笋还原糖含量均值0.98，竹笋还原糖含量在种源间差异比较大，其中以种源7的含量最高（2.43），其余依次为种源5、3、4、8、1、9、6，种源2的含量最低（0.36）。

（4）总黄酮含量

黄酮不仅是一种很强的抗氧化剂，可有效清除体内的氧自由基、有效阻止细胞的退化、衰老，甚至是阻止癌症的发生；同时，还可以改善人体血液循环、降低胆固醇、改善心脑血管疾病的症状，抑制炎性生物酶的渗出、增进伤口愈合和止痛。因此，近年来竹笋中的黄酮类物质含量及其抗氧化性已引起人们的关注。测定结果显示，9个种源方竹笋总黄酮含量的均值为0.03%，其中以种源4含量最高（0.057%），其次为种源6，其他依次为种源9、3、2、7、1、8，种源5总黄酮含量最低（0.0065%）。

（5）膳食纤维含量

膳食纤维由纤维素、半纤维素、木质素、果胶等其他混杂多糖的物质组成。膳食纤维能有效刺激人体消化液分泌和肠蠕动，缩短食物通过肠道的时间，有利于消化、吸收和顺利排便，减少某些大肠疾病的发生，预防和治疗肠道憩室病，治疗胆石症，降低血液胆固醇和甘油三酯，控制体重，降低成年糖尿病患者的血糖等。人体膳食纤维摄入太少，不仅影响消化及排便，还会影响脂质代谢，导致心血管疾病或肠道癌瘤。故膳食中含适量纤维对维持人体健康很有必要，因此也成为近年来关注的热点。测定结果显示，9个种源膳食纤维含量的均值为2.90g/100g，最高的是种源7（4.77g/100g），其次为种源9（3.7g/100g），其余依次为种源6、5、1、8、4、3、2，种源2含量最低（1.87g/100g）。

（6） 矿质元素硼含量

硼与富含羟基的糖和糖醇络合形成硼酯化合物密切有关。这些化合物作为酶反应的作用物或生成物参与各种代谢活动，如糖醇和糖醛酸等，是竹子生长过程中必不可少的矿质元素。试验结果显示，9 个方竹种源竹笋均检测出硼元素的存在，其中以种源 7 硼含量最高（0.71mg/kg），种源 1、2、4 的含量也较高，为 0.70mg/kg，而种源 8 和 9 的含量较低。

（7） 矿质元素锌、硒、钼含量

锌是人体不可缺少的微量元素，对儿童的生长发育起着重要的促进作用，成人每天只需要锌 13~15mg，缺少就会导致食欲减退、皮肤粗糙、发育迟缓以及贫血等，长期缺锌还会造成性功能减退甚至不育。硒能清除体内废物、垃圾、毒素，能减轻化学致癌物、农药和间接致癌物的毒副作用，硒也因此被称为 "天然解毒剂"。钼对维持人体心肌能量供应有重要作用，能调节甲状腺分泌，缺钼人群特异性细胞免疫功能降低，补充钼制剂后免疫功能恢复。而这 3 种矿质元素人体不能合成，必须从食物和饮水中摄取。为此，竹笋作为食物资源，是重要的矿质元素来源。

测定结果显示，各种源竹笋 3 种矿质元素的含量均呈现出锌>钼>硒，且均以宜春万载县种源竹笋含量最高。其中，锌含量最高达 11.0mg/kg、最低为 4.79mg/kg，可以说方竹笋是一种较好的高锌食材。硒和钼元素含量差异较大，特别是硒元素，仅宜春市 2 处种源的竹笋检测出，且含量达到富硒果蔬要求。2 处种源没有检测出钼元素，均为井冈山地区种源。其余种源竹笋钼含量（mg/kg）最高（0.4mg/kg）是最低（0.011mg/kg）的 36 倍，差异较大。

2.4.3.4 结论与讨论

本研究所涉及的方竹居群，主要分布在海拔 500m 地带，低于 200m 和高于 800m 的居群极少。

试验结果显示，海拔对竹笋含水量有一定的影响，整体上随着海拔的升高呈上升趋势。

9 个种源的方竹笋营养丰富，味道鲜美，均含有较丰富的还原糖、黄酮和膳食纤维成分。且还原糖远含量高于浙江引种栽培的 13 个方竹种源。总黄酮和膳食纤维含量比较高，是具有较好养生保健功能的健康食品、森林蔬菜。

方竹笋矿质元素含量水平表现为锌>硼>钼>硒，说明方竹笋是一种较好的高锌食材。整体上竹笋矿质元素含量以宜春市万载种源较高，这可能与当地土壤矿质元素含量有关。同时，该种源居群所处位置海拔较低（110m），除了区域因素，也可能与海拔的高低有关。具体情况，有待进一步研究。

2.4.4　雷竹笋营养成分

2.4.4.1　试验地概况

试验地设于江西省林业科学院笋用竹东乡试验基地内，地理位置 28°18′24″N，116°51′31″E。年均气温 17.9℃，年均日照时数 1700h，年均降水量 1900mm，年均无霜期 248d。林地原为荒山，铁芒萁 *Dicranopteris dichotoma* 较多，有少量马尾松 *Pinus massoniana*、栀子 *Gardenia jasminoides* 分布，草本层多为铁芒萁，坡度平缓，红壤土，微酸性，上坡石砾含量较高。栽植前进行全垦整地，深翻 60cm，捡净石块、树桩等，疏松土层，平整后将林地区划成 1 亩左右地块，四周挖开宽 40cm、深 40cm 的隔离沟。2016 年 2 月，引种栽植，株行距 3m×3m。

2.4.4.2　供试竹种

自 2016 年引种栽植以来，经过 3 个发笋期，以下 7 个竹种生长良好（表 2-12），故采集竹笋进行相关营养成分分析。

表 2-12　7 个雷竹栽培类型（种源）情况

序号	中文名	拉丁名	引种地	引种地经营状况
1	细叶乌稍雷竹（临安）	*Phyllostachys violascens* 'Linanensis'	浙江	长时间、高强度集约经营
2	花秆雷竹	*Ph. violascens* 'Viridisulcata'	浙江	一般
3	安徽早竹	*Ph. violascens* 'Anhuiensis'	安徽	一般
4	玲珑雷竹	待命名	浙江	野生

（续）

序号	中文名	拉丁名	引种地	引种地经营状况
5	黄条早竹	*Ph. violascens* 'Notata'	浙江	一般
6	青壳雷竹	待命名	浙江	一般
7	细叶乌稍雷竹（弋阳）	*Ph. violascens* 'Linanensis'	江西弋阳	集约经营

2.4.4.3 笋样采集及处理

在试验地内，随机挖取大小基本一致、无机械损伤、出土 20cm 左右的笋样 2~3kg，装入样品袋中放入样品冷藏箱；当天剥去笋箨，切除不可食部分，取剩余可食部分冷冻保存。返回实验室后，将样品切成小方块混合，置高速组织捣碎机粉碎后过 14 目筛，后置于-80℃ 超低温冰箱中保存待测。

2.4.4.4 分析测定方法

还原糖、总黄酮、膳食纤维、锌、硼、硒、钼 7 个指标检测方法见表 2-13。铁、镁、钙 3 个成分含量采用 GB 5009.268—2016 第二法进行检测。

表 2-13 各指标检测方法

序号	检测指标	检测方法
1	Zn	GB/T 5009.14—2003
2	B	GB/T 21918—2008
3	Se	GB/T 5009.93—2010
4	Mo	SN/T 0448—2011
5	还原糖	GB/T 5009.7—2008
6	总黄酮	GB/T 20574—2006
7	膳食纤维	GB/T 5009.88—2014

2.4.4.5 结果与分析

（1）总体分析

从检测结果来看（表 2-14），各竹种竹笋营养成分和矿质元素含量有一定的差异性，特别是钼元素，仅玲珑雷竹有检出，其余竹种均未检出。

表 2-14　营养成分及矿质元素含量　　　　　mg/kg

种源 序号	还原糖 （g/100g）	总黄酮 （%）	膳食纤维 （g/100g）	Zn	B	Se	Mo	Fe	Mg	Ca
1	<u>0.59</u>	0.026	0.894	<u>7.28</u>	0.491	0.0220	0	36.0	122.0	84.2
2	0.53	<u>0.034</u>	1.760	7.27	<u>0.528</u>	0.0236	0	<u>43.5</u>	117.0	76.6
3	0.56	0.009	<u>2.130</u>	6.24	0.477	<u>0.0324</u>	0	19.5	<u>123.0</u>	123.0
4	<u>0.67</u>	0.016	0.922	<u>8.12</u>	<u>0.534</u>	0.0236	<u>0.0316</u>	79.3	<u>126.0</u>	87.4
5	0.32	0.015	1.060	<u>7.61</u>	0.494	<u>0.0326</u>	0	40.7	<u>130.0</u>	146.0
6	0.54	<u>0.069</u>	<u>2.050</u>	5.88	0.412	<u>0.0366</u>	0	<u>49.6</u>	91.9	83.6
7	<u>0.60</u>	<u>0.078</u>	<u>1.880</u>	7.26	<u>0.504</u>	0.0321	0	24.4	112.0	79.3
均值	0.54	0.035	1.530	7.09	0.491	0.0290	0.0045	41.9	117.4	97.2

注：表中数据为含量水平居前 3 的标有下划线。

（2）还原糖含量

还原糖是竹笋营养的主要成分，也是决定其风味的主要物质，因此，还原糖含量直接决定着竹笋品质的高低。

整体上，各竹种竹笋还原糖含量均值为 0.54g/100g，图 2-23 可以直观地看出，各竹笋还原糖含量在种源间差异比较大，粗略分成 3 个梯度：第 1 梯度为玲珑雷竹和细叶乌稍雷竹（临安、弋阳种源均较高）；第 2 梯度为花秆雷竹、安徽早竹和青壳雷竹；第 3 梯度为黄条早

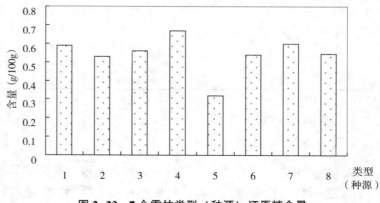

图 2-23　7 个雷竹类型（种源）还原糖含量

竹。其中以玲珑雷竹含量 0.67g/100g 为最高，安徽早竹 0.32g/100g 为最低。该检测结果可作为培育不同风味竹笋的参考依据。

（3）总黄酮含量

测定结果显示（图 2-24），7 个种源竹笋总黄酮含量的均值为 0.035%，各竹种间差异较大，亦可划分成 3 个梯度：第 1 梯度为细叶乌稍雷竹（弋阳）和青壳雷竹；第 2 梯度为花秆雷竹和细叶乌稍雷竹（临安）；第 3 梯度为安徽早竹、玲珑雷竹和黄条早竹，其中以细叶乌稍雷竹（弋阳）0.078% 含量最高，黄条早竹 0.009% 含量最低。

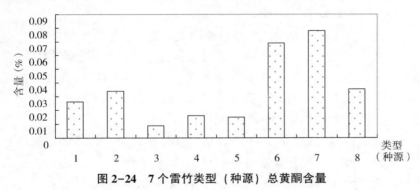

图 2-24　7 个雷竹类型（种源）总黄酮含量

（4）膳食纤维含量

测定结果显示（图 2-25），7 个种源膳食纤维含量的均值为 1.53g/100g，可分成 2 个梯度，其中花秆雷竹、安徽早竹、青壳雷竹和细叶乌稍雷竹（弋阳）4 个竹种间差异不大，均较高，列为第 1 梯

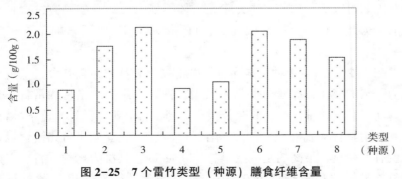

图 2-25　7 个雷竹类型（种源）膳食纤维含量

度；而细叶乌稍雷竹（临安）、玲珑雷竹和黄条早竹3个竹种较低，列为第2梯度，与第1梯度间有较大差距。最高为安徽早竹2.13g/100g，最低为细叶乌稍雷竹（临安）0.894g/100g。

（5）矿质元素硼含量

检测结果显示，7个雷竹竹笋种均含有一定量的硼元素，整体上差异不大，其中以玲珑雷竹硼含量较高（0.534mg/kg），青壳雷竹含量较低（0.412mg/kg）。该检测结果可以看出，硼元素是雷竹笋生长的必要元素之一。

（6）微量元素锌、硒、钼含量

测定结果显示，仅玲珑雷竹检测出钼元素，其他竹种均未检出。

各竹笋内硒含量达到富硒果蔬要求，且差异较大，最高的是青壳雷竹（0.0366mg/kg）、最低的是细叶乌稍雷竹（临安），其含量排序由高到低依次为青壳雷竹>黄条早竹>安徽早竹>细叶乌稍雷竹（弋阳）>花秆雷竹、玲珑雷竹>细叶乌稍雷竹（临安）。

各竹笋内锌含量远远高于硒含量，这与作者对方竹笋的检测结果基本一致。其中，锌含量最高达8.12mg/kg、最低为5.88mg/kg，是大米中锌含量的4倍以上，可以说雷竹笋是一种较好的高锌食材。

（7）矿质元素铁、钙、镁含量

铁元素是血红蛋白与肌红蛋白的重要组分，钙元素是形成骨骼和牙齿主要成分，还能减少铝在体内积聚、降低胆固醇水平等。镁元素是多种酶的催化剂，还有助钙吸收、蛋白质制造、脂肪代谢，以及遗传基因的组成等。这些矿质元素是人体不能合成的，需要通过食物来获取。为此，竹笋中的矿质元素，可作为人体矿质元素的重要来源之一。

图2-26显示，3种元素在竹笋中是较为丰富的，且其含量呈现出较为一致的规律，即镁>钙>铁。其中，铁含量最高的是玲珑雷竹，且远远高于其他竹种水平，其余依次为青壳雷竹、花秆雷竹、黄条早竹、细叶乌稍雷竹（临安）、细叶乌稍雷竹（弋阳）、安徽早竹。镁含量差异没有铁明显，最高的是黄条早竹130mg/kg，其次为玲珑雷竹、安徽早竹，最低的是青壳雷竹91.9mg/kg。钙含量最高的也是黄条早竹

140mg/kg，且远远高于其他竹种含量，其次为安徽早竹 126mg/kg、玲珑雷竹 87.4mg/kg，最低的是花秆雷竹 76.6mg/kg，接近于最高水平黄条早竹的一半。

玲珑雷竹铁、镁、钙含量均较高，在供试的 7 个竹种中，均排前 3。

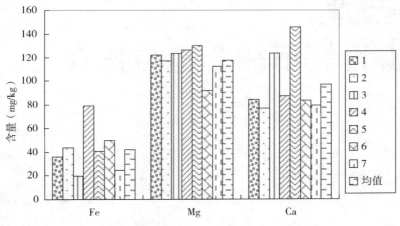

图 2-26　7 种雷竹钙、镁、铁元素含量情况

第3章
雷竹笋用林营造与抚育

3.1 造林地选择

雷竹笋用林造林地的选择,应从生物特性和经济效益两方面进行考虑。从生物特性上讲,要考虑气候、土壤、地形等三大因素。首先是气候条件,如年平均温度、年降水量及各月降水分布、极端最低气温等;其次是土壤条件、地形及小气候。从经济效益上讲,要考虑经营规模、交通设施、销售市场、加工厂家等,最大限度地减少成本,提高经济效益。

3.1.1 气候条件

影响竹子生长的气候条件主要是降水和温度,江西红壤区中北部均可引种栽植,雷竹种植要求当地气候满足以下条件:年均气温 12~16℃,1 月平均气温 0~4℃,极端最低气温 -14℃ 以上,年降水量 1200mm 以上、春季 250mm 以上、秋季 180mm 以上。总之,与原产地气候条件相近的地区都适宜发展。

3.1.2 土壤条件

雷竹生长快,有强大的地下系统(竹鞭、竹根),一般要求土层厚度在 50cm 以上、pH 值 5~7、疏松、透气、肥沃、深厚、保水和透气性能良好的壤土或砂质壤土，普通红壤、黄壤也适宜栽培。土地贫瘠浅薄、石砾过多或土壤过于黏重、透气性能差等对雷竹生长不利。

3.1.3　地形条件

选择海拔 500m 以下、坡度 15°以下，背风向阳、光照充足、交通方便、靠近水源、远离工业的丘陵缓坡地。土壤砂质壤土或红、黄壤土，pH 值 5~7，土层深 50cm 以上，疏松透气，排水良好。

3.1.4　其他条件

造林地的选择，除了考虑气候条件、土壤条件及地形条件以外，还应考虑竹笋产品的销售市场、交通运输及经营规模等问题。从市场销售这一角度考虑，特别是以鲜笋销售为主的笋用林，造林地宜选择在离消费市场较近的赣东北地区，这样可以缩短运输距离和时间，从而有效保证鲜笋的质量，保持鲜笋的鲜嫩、色泽等，在降低销售成本的同时确保销售价格，从而提高经营笋用竹林的经济效益。另外，还应考虑发展笋用竹要有一定的规模，以便形成市场。所谓规模，不是指集中连片，而是在一个乡、一个县要有较大的面积。发动千家万户，在房前屋后、低丘缓坡、田头、地坎、山脚、溪边和其他交通、管理方便的地方发展种植，以形成规模优势。同时，因地制宜、适地适竹，以 1~2 个竹种为主，规模、多样化发展，形成产地规模效应。

3.2　林地规划

3.2.1　道路规划

雷竹生产中，种苗、肥料、覆盖材料及笋、林地清理废弃物等大宗生产物资较多，正确地布置道路，恰当地使用机动车、农用车等，不仅可以减轻劳动强度、便于操作、提高工作效率，还能有效降低生产成本。

基地道路呈井字形分布，一般分主路、支路和小路，三种道路互相连通。各种植小区以主路、支路为界，小路为田间管理作业道。

主路位于种植区内中间位置，与交通干道相连，宽 5m 左右，可供大型机动车通行，并设置好会车空间。

支路设计成与主路垂直，确保每块生产小区与支路相邻，宽 3m
左右，可供农用车通行，并于适当位置设置空地，用于肥料、覆盖材
料等生产物资的堆放。

小路设计成与支路垂直或平行，将林地分割成 $(20\sim50)$ m × $(20\sim50)$ m 的生产小区，宽 1m。

3.2.2　灌溉水源

雷竹生产需保证充足的水源，特别是秋季覆盖前，林地用水普遍
超过 20t／亩，为此，需为林地配备足够的灌溉水源。

灌溉水源可以是附近天然水库、河流，亦可是人工修筑的水塘、
水池及水井等，远离天然水源的林地，平均 50~100 亩林地设置一处
灌溉水源，水塘或水池储水量不低于 300t、水井日出水量不低于 30t。

3.2.3　管护工棚

有条件者，可于主路旁修建一处管护工棚，用于日常劳作工具存
放，生产季节竹笋处理及包装等。

如图 3-1，道路、水源、排水沟、生产资料堆放处、管护工棚等
基本备齐。

图 3-1　规划造林效果

3.3　造林地整地

散生竹类出笋成林，主要依靠地下鞭的生长。整地可以疏松土壤，改善土壤的物理性状，改善土壤的水、肥、气、热等条件。通过合理整地，加快土壤的风化作用，促进可溶性盐类的释放和各种营养元素的有效化，使土壤养分得到改善；容重变小，孔隙度增加，增强土壤的透气性，提高土壤保蓄水能力；使竹子地下鞭系向四周伸展的机械阻力减小，提高造林成活率和郁闭速度。

整地质量的好坏，直接影响到造林质量的高低，因此，整地是造林过程中，非常重要的一项技术措施。

整地方法可分为全垦整地、带状整地和块状整地3种。坡度15°以下，采用全垦整地；坡度15°~20°，宜采用带状或块状整地的方式，防止水土流失。在造林面积大、人力少、时间紧的情况下，为赶季节也可以采用块状或带状整地，待母竹成活后，结合抚育管理再进行全垦深翻。在土壤疏松，种植农作物的熟地可以不整地而直接挖大穴种植。

整地一般可提前2~3个月进行，具体时间可根据不同的造林季节及劳动力的安排而定。提前整地，可充分利用外界有利条件，调节土壤的水分状况，并使杂草灌木等充分腐烂，保证造林工作的及时完成。春季、梅季种竹应在上年秋冬季进行整地。秋冬种竹可以在上半年春夏季节进行整地。但在土壤疏松肥沃，立地条件较好，杂草灌木不多的造林地上，也可以随整随造。

全垦整地。全垦整地能彻底改变造林地的环境条件，有利于新造林的成活和成林。主要包括劈山、开垦、开沟、挖穴四道工序。

①劈山：在荒山或灌木丛生的造林地，首先应进行劈山，然后清理林地。在灌木不多，以茅草、芒秆、狼蕨等为主的荒山，可以用化学除草剂或割除后，直接进行开垦。

②开垦：对造林地进行全面的垦复，深翻60cm；若造林地为水稻田，则需翻80cm以上，以打破犁底层。深翻后，捡净石块、树桩等地下障碍物及杂物，把表土、柴草翻入土中，底土翻到表层，疏松土

层，打碎土块。后将林地区划成（20~50）m×（20~50）m 地块。

③开沟：江西红壤普遍黏重，排水、透气性能差，为此，应在种植小区四周开挖隔离沟，沟宽 40cm、深 40cm，降低地下水位。造林地在平地低洼地时，还需在林内每隔 5~6m 开一条支沟，较四周排水沟可略窄、浅。

④挖穴：整地的最后一道工序是挖穴，在地块内按株行距为 3m×3m 挖种植穴，穴规格为长 60cm×宽 40cm×深 50cm，并施足 5kg 左右有机肥（纯植物源）与底土拌匀作为基肥备用。

有坡度的林地，其穴的长边应与等高线平行，穴点布置呈梅花形、三角形等。挖穴时应把表土和心土分别放置在穴的两侧。

3.4　母竹选择与起苗

近年来，江西省东部地区雷竹种植面积逐年扩大，发展迅速，以从江浙一带引进的雷竹为绝对优势竹种。存在着竹种单一，品种和产量、质量参差不齐，供笋季节集中，产品供应不稳定等诸多问题，不仅限制了产业的发展，严重影响了产业效益，也给经营者带来了较大的风险。

雷竹作为中国特有的优良笋用竹种，经过长期的自然演化和人工栽培，种内产生了一定程度的遗传变异，形成了若干变异类型，不同类型生长表现各异。对不同类型竹种进行引种试验，筛选适宜在江西省红壤区推广的雷竹优良类型，确保江西省雷竹产业安全、高效生产。为此项目组自 2014 年开始，进行雷竹不同种源及栽培类型的广泛收集与试验，现将相关情况总结如下。

3.5　红壤区笋用雷竹栽培类型（种源）引种试验

3.5.1　试验地

试验地设于江西省林业科学院笋用竹试验基地内（图 3-2），分为两处：一处在江西省弋阳县，另一处在抚州市东乡区。

图 3-2　雷竹种源试验地

3.5.1.1　江西省弋阳县试验点

江西省弋阳县试验地位于江西省林业科学院笋用竹弋阳试验基地内，地理位置 117°13′27″~117°37′45″E，28°3′55″~28°46′55″N。气候属亚热带季风气候，年平均气温 15.4℃ 左右，年均降水量 1800mm，相对湿度 86%，气候温和，光照充足，雨量充沛，土层深厚，得天独厚的地理条件非常适合雷竹的生长。

林地为农田改造而来，面积 1134.7 亩，坡度 <5°，土层深厚、疏松，土壤为紫色土、微酸性。试验林分别于 2009、2010、2012 年造林，2016 年开始试验时林龄为 4~6 年。

3.5.1.2　江西省抚州市东乡区试验点

抚州市东乡区位于 116°51′30″~116°59′41″E，28°18′23″~28°27′21″N。年均气温 17.9 ℃，年均日照时数 1700h，年均降水量 1900mm，年均无霜期 248d。

试验地设于该区红星垦殖场深坑林场江西省林业科学院笋用竹试验基地内，面积 431 亩。林地原为荒山，铁芒萁较多，有少量马尾松、栀子分布，草本层多为铁芒萁，坡度平缓，红壤土，微酸性，上坡石砾含量较高。2014 年进行全垦整地，深翻 60cm，捡净石块、树桩等，疏松土层，平整后将林地区划成 1000m² 左右地块，四周挖开宽 40cm、深 40cm 的隔离沟，并呈井字形修建机动车道与主干道相连。2016 年 2 月引种栽植，株行距 3m×3m。

3.5.2 试验材料与方法

3.5.2.1 试验材料

2014 年，通过对雷竹原产地及江西省赣东北地区气候、立地条件等进行比较分析，从浙江临安、余杭等地引进细叶乌稍雷竹、花秆雷竹等 9 个栽培类型，在江西省林业科学院位于抚州市东乡区的笋用竹试验基地内进行引种试验（表 3-1）。

表 3-1　引种雷竹栽培类型

序号	中文名	拉丁名	引种地	经营状况
1	细叶乌稍雷竹（临安）	*Phyllostachys violascens* 'Linanensis'	浙江	长时间高强度集约经营
2	花秆雷竹	*Ph. violascens* 'Viridisulcata'	浙江	一般经营
3	黄槽雷竹	*Ph. violascens* 'luteosulcata'	浙江	一般经营
4	安徽早竹	*Ph. violascens* 'Anhuiensis'	安徽	一般经营
5	弯秆雷竹	*Ph. violascens* 'Linanis'	浙江	集约经营
6	玲珑雷竹	待命名	浙江	野生
7	雷山乌	*Ph. violascens* 'Atrovaginis'	浙江	野生
8	黄条早竹	*Ph. violascens* 'Notata'	浙江	一般经营
9	青壳雷竹	*Ph. violascens* 'Flavivagis'	浙江	一般经营
10	细叶乌稍雷竹（弋阳）	*Phyllostachys violascens* 'Linanensis'	江西弋阳	集约经营

3.5.2.2 试验方法

（1）整地

种植前进行全垦整地，深翻 60cm，捡净石块、树桩等地下障碍物及杂物，疏松土层，打碎土块，后将林地区划成 1 亩左右地块，四周开挖隔离沟，沟宽 40cm、深 40cm。在地块内按株行距为 3m×3m 挖种植穴，穴规格为长 60cm×宽 40cm×深 50cm，并施足 5kg 左右有机肥与底土拌匀作为基肥备用。

（2）引种栽植

2016 年 2 月底在种源地选取粗细适中、枝叶繁茂、生长健壮、无检疫病虫害、相对分枝较低的 1~3 年生竹苗。保留直径 25~40cm 的原土球，土球要求紧固不松散，鞭芽完好无损。及时去掉多余枝梢，留枝 5~8 盘，逐株贴准标签。视墒情及时喷水、遮阴。采用汽车直接运输，轻装上车，避免震落宿土，用厚实的帆布包严，途中及时补水保湿，行程在 36h 以内。

栽植时将母竹放入栽植穴内，栽植深度为 20~25cm，随后先表土后心土打碎分层填入踩实，踩踏时勿伤鞭芽，填至地平，浇足定根水，沉实后再覆土平整。

（3）抚育管理

在母竹蔸部覆盖杂草等进行保湿，干旱季节及时灌溉，遇长时间降雨、林地有积水时则及时开沟排水。

出笋季节注意防止鼠、兔危害。笋期过后，适时松土除草，勿伤竹鞭。7~8 月进行竹腔施肥，促进笋芽分化。

（4）观测因子

观测因子包括存活率、母竹发笋率、发笋时间、发笋量、高生长规律、成竹率等。

（5）调查方法

2016 年 9 月、12 月调查母竹存活情况；2017 年 2 月 15 日开始，每 2d 观察、记录一次所有竹种，直至笋期结束。观测记录数据有：天气状况、母竹发笋情况，包括出笋期（始、盛、末期）、地径 2cm 以上出笋数量、退笋量、成竹数；高生长期、展枝期、展叶期等。

3.5.3 结果分析

3.5.3.1 存活率

从表 3-2 可以看出，引种当年 9、12 月两次调查结果显示，母竹平均存活率完全一致，2017 年 9、12 月存活率明显低于 2016 年，但与 2018 年存活情况一致；其中 2016 年存活率均在 98% 以上，仅细叶乌稍雷竹（临安）、安徽早竹、玲珑雷竹、雷山乌有部分死亡，到 2016 年底存活率均高于 95%。

表 3-2　存活率调查

序号	竹种名称	成活率（%）			
		2016. 9	2016. 12	2017. 9、12	2018. 4
1	细叶乌稍雷竹（临安）	96.7	96.7	81.7	81.7
2	花秆雷竹	100.0	100.0	80.0	80.0
3	黄槽雷竹	100.0	100.0	86.7	86.7
4	安徽早竹	95.0	95.0	85.0	85.0
5	弯秆雷竹	100.0	100.0	71.4	71.4
6	玲珑雷竹	98.5	95.4	95.4	98.5
7	雷山乌	92.0	96.0	88.0	88.0
8	黄条早竹	100.0	100.0	86.7	86.7
9	花壳雷竹	100.0	100.0	95.0	95.0
10	细叶乌稍雷竹（弋阳）	100.0	100.0	96.4	96.4
	均　值	98.2	98.3	86.6	86.9

　　然而，2017 年 7~9 月夏季持续高温、干旱，加之种源试验地附近水库干涸，缺乏浇灌用水，土壤含水率长期处于低水平状态，导致各竹种呈现出不同状况。到 2017 年 9 月调查时，7 个竹种存活率均低于 90%（图 3-3），这表明，极端气候情况对雷竹种苗移栽影响较大。

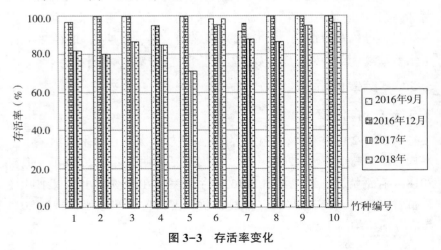

图 3-3　存活率变化

到 2018 年 4 月，存活率 95% 以上的仅 3 种，为玲珑雷竹 98.5%、细叶乌稍雷竹（弋阳）96.3%、花壳雷竹 95%；其余的依次为雷山乌 88.0%、黄槽雷竹 86.7%、黄条早竹 86.7%、安徽早竹 85.0%、细叶乌稍雷竹（临安）81.7%、花秆雷竹 80%、弯秆雷竹 71.4%。其中，弯秆雷竹由于种源稀少，引种数量仅为 7 株，2017 年死亡 2 株，导致存活率较低。

玲珑雷竹及雷山乌引自浙江临安偏远山村，引种时处于野生状态，引种存活表现均较好。而引自江西弋阳和浙江临安的细叶乌稍雷竹虽然原产地均为浙江，但引种表现差异较大。初步分析原因有三：其一是气候原因，引自弋阳的种源已经过较长时间的驯化，基本适应了江西气候及土壤，即便出现极端天气，也能保持较好的生命力；其二是土壤原因，浙江种源地为黑壤土，而种源试验地为红壤土，因此，临安种源在极端天气状况下不能很好地适应；其三，高强度经营导致竹种生理衰退，浙江临安经营时间较长（自 20 世纪 80 年代开始），大面积竹林衰退甚至死亡，而江西雷竹自 20 世纪 90 年代引入以来，高强度经营时间不足 10 年，因此，临安种源生命力较弋阳种源弱。

进一步分析发现，弯秆雷竹、花秆雷竹、黄槽雷竹、黄条早竹等秆形变异的栽培类型，存活率相对较低。

3.5.3.2 母竹发笋率

母竹发笋率具体情况见表 3-3。

表 3-3 发笋率、发笋数调查

序号	竹种名称	母竹发笋率（%）		单株母竹发笋数（株）	
		2017 年	2018 年	2017 年	2018 年
1	细叶乌稍雷竹（临安）	59.2	79.6	2.7	2.6
2	花秆雷竹	87.5	100.0	2.6	3.5
3	黄槽雷竹	61.5	76.9	2.0	1.9
4	安徽早竹	64.7	64.7	4.3	6.7
5	弯秆雷竹	80.0	80.0	2.0	3.0
6	玲珑雷竹	74.2	73.4	3.4	3.7
7	雷山乌	54.5	54.5	2.3	2.6

（续）

序号	竹种名称	母竹发笋率（%）		单株母竹发笋数（株）	
		2017 年	2018 年	2017 年	2018 年
8	黄条早竹	53.8	61.5	2.3	1.9
9	花壳雷竹	57.9	78.9	2.6	2.1
10	细叶乌稍雷竹（弋阳）	92.5	98.1	3.1	4.3
	均值	68.6	76.8	2.2	3.2

从表 3-3 可以看出，各种栽培类型 2017 年均开始发笋，数量上平均有 68.6% 的母竹开始发笋。其中以细叶乌稍雷竹（弋阳）发笋母竹比率最高为 92.5%，其次为花秆雷竹 87.5%，再次为弯秆雷竹 80.0%，其余均低于 80%，发笋率最低的是黄条早竹 53.8%、雷山乌 54.5%。

2018 年，平均母竹发笋比率为 76.8%。其中花秆雷竹达 100%，即存活的母竹均发笋，且地径均大于 2cm；其次为细叶乌稍雷竹（弋阳）98.1%，仅有少量存活母竹没有发笋；再次为弯秆雷竹 80.0%。发笋最少的是雷山乌 54.5%，但也超过一半发笋（图 3-4）。

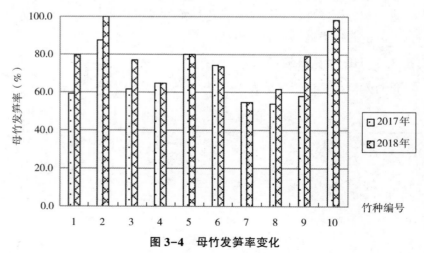

图 3-4　母竹发笋率变化

从图 3-4 可以看出，2018 年母竹发笋率明显高于 2017 年，特别是 10 号细叶乌稍雷竹（弋阳）和 2 号花秆雷竹，远远高于其他竹种。

3.5.3.3 发笋量

表 3-3、图 3-5 显示，2017 年，平均每株母竹发笋 2.2 株，其中以安徽早竹发笋 4.3 株为最多，其次为玲珑雷竹 3.4 株、细叶乌稍雷竹（弋阳）3.1 株，再次为细叶乌稍雷竹（临安）2.7 株、花秆雷竹及花壳雷竹 2.6 株，最低的为黄槽雷竹和弯秆雷竹。除安徽早竹外，其余竹种发笋量与引种存活率、发笋率的规律基本一致（图 3-6、图 3-7）。

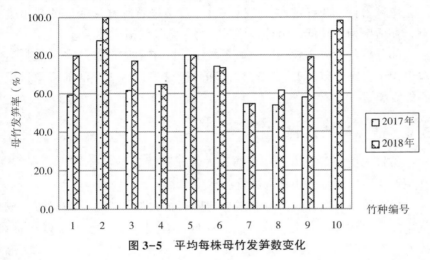

图 3-5 平均每株母竹发笋数变化

图 3-6 花秆雷竹种源试验林

图 3-7 细叶乌稍雷竹种源试验林

2018 年平均每株母竹发笋 3.2 株，较上一年有较大的提高，特别是安徽早竹（4 号竹种），平均达到了 6.7 株，除个别 3、8、9 竹种有所降低外，其余竹种单株母竹发笋量均有不同程度的增加。

3.5.3.4 结论与讨论

细叶乌稍雷竹（弋阳）不仅第一年成活率高、母竹发笋比率也高。

弯秆雷竹、花秆雷竹、黄槽雷竹、黄条早竹等秆形变异的栽培类型，存活率相对较低，引种栽培时，需注意气候适应性。

部分竹种发笋率较低、发笋量较少，除了适应性，还有可能是运输过程中，螺丝钉断开，导致竹株和竹鞭分离，造成存活的假象，但不能发笋。

3.6 造林母竹选择

雷竹无性繁殖能力强，且通过无性繁殖优良性状能够得到保留，在生产实践中通常采用移栽母竹造林。

母竹质量对造林成活率和成林速度有很大的影响。优质母竹，成活率高，成林快；劣质母竹，成活率低，有些即使成活也难以成林。因此，造林时，母竹选择尤为重要。

3.6.1 母竹选择

通常，母竹选择生长健壮、节间匀称、分枝较低、枝叶繁茂、无病虫害、胸径 2~4cm、1~2 年生的为好。

1~2 年生的母竹，所连的竹鞭处于壮龄阶段，具有饱满的笋芽，有较强的发笋及抽鞭能力。分枝低可降低母竹高度，提高造林成活率。一般在林缘或新发竹林中挖掘符合质量的母竹。

3.6.2 母竹采挖

挖掘前母竹留枝 4~6 盘，斩去竹梢，以减少母竹水分蒸发，斩梢时，刀要锋利，切口要平，成 45°角，不可劈裂。

挖掘时先在离母竹基部 30~40cm 的地方，用锄轻轻挖开土层，找到竹鞭，一般母竹最下一盘枝条伸展的方向与竹鞭的方向大致平行。

判断母竹的来鞭和去鞭，并保留健壮笋芽 3 个以上，主鞭不能有发黑、霉烂的老鞭。截鞭时，锄口向外，切口平滑，并注意保护鞭芽，然后沿竹鞭平行两侧挖起母竹，尽量多带宿土，保留直径 25~40cm 的原土球，土球要求紧固不松散，鞭芽完好无损挖时切忌扳摇，以免损伤和扭断母竹与竹鞭的连接点（俗称"螺丝钉"）。

3.6.3　母竹运输

在整个运输母竹过程中，都要十分注重保护鞭芽与"螺丝钉"，尽量缩短途中运输时间，减少水分蒸发，并尽快种植，提高成活率。

短距离搬运时不必包扎，但在搬运过程中，应防止鞭芽与"螺丝钉"损伤或震落宿土。在挑运时可用绳子绑在宿土上，保持竹秆直立，不可横扛在肩上。

远距离运输时必须包扎，可用旧编织袋草包、旧麻袋、塑料薄膜等将土球包扎好。装车时应轻装慢放，从车尾开始一株一株斜放，竹蔸与竹蔸之间相互靠近。装好后，最好盖上篷布，减少水分蒸发。遇到天晴风大，路途较远的，还应用浸透水的湿稻草覆盖母竹基部，再加盖篷布视墒情及时喷水，行程控制在 36h 以内。

3.7　种植技术要点

3.7.1　种植时间

选择在雨季种植，以春季 2~3 月或秋季 11 月为宜，梅雨季节 5 月或冬季 12 月至翌年 2 月亦可种植。但每年降水量、降水时间均有变化，因此，要多关注气象预报，选择降水多的时机进行栽植。

3.7.2　种植密度

在地块内按株行距为 3m×3m 挖种植穴，根据地形适当调整，原则每亩种 70~100 株。

3.7.3　种植穴规格

穴规格为长 60cm×宽 40cm×深 50cm，种植时可根据母竹根盘的大小进行修整，穴底要平。

3.7.4　施足基肥

穴内施足腐熟的植物源有机肥 5kg 左右，与底土拌匀作为基肥。

栽植时将母竹放入栽植穴内，栽植深度为 20~25cm，随后先表土后心土打碎分层填入踩实，踩踏时勿伤鞭芽，填至地平。

移植时要注意母竹去鞭伸展方向，竹鞭放平，鞭根自然舒展。做到深挖穴、浅种竹，种植深度以比母竹原来土痕深 3~5cm 为宜，切忌过深，以免烂鞭。竹蔸要与土壤密接，自下而上，分层轻轻踏实表土。

3.7.5　浇足定根水

每株浇定植水 20kg，沉实后再覆土培成馒头形。

3.7.6　其他

在风大地区或在处于风口地带的林地，为防止风吹松动母竹鞭根，要搭好三角支架固定母竹。

在母竹蔸部覆盖杂草等进行保湿，干旱季节及时灌溉，遇长时间降雨、林地有积水时则需及时开沟排水。

出笋季节注意防止鼠、兔危害。笋期过后，适时松土除草，勿伤竹鞭。7~8 月进行竹腔施肥，促进笋芽分化。

3.8　雷竹林幼林抚育

3.8.1　套种

新造林地前三年可套种豆科矮秆作物、中药材等经济作物，以耕代抚。

前两年不能套种玉米等高秆作物和攀缘型藤本作物，也不宜套种红薯等喜肥作物。宜套种豆类、花生、绿肥等作物，以耕代抚。中耕不能损伤竹鞭和笋芽，中耕时将间作物秸秆埋于林地内。

未套种的年份每年 2 月、6 月和 9 月各进行 1 次松土除草，直至竹林郁闭。1 年 3 次，2 月浅削松土 10cm，5~6 月深翻 30cm，9~10 月松土 20cm。杂草翻埋于土中。

3.8.2 合理施肥

种植时，每株母竹可施入农家肥 5kg；3 个月后进行第 2 次施肥，每株施复合肥 0.1kg；6 个月后进行第 3 次施肥，每株施复合肥 0.2kg。

施肥方法采用沟施或结合松土进行。

第 2 年施肥量加倍，第 3 年再加倍，1 年 3 次。

有条件者，前 3 年可施有机肥 2500~3000kg/亩。

母竹定植后，可施入江西省林业科学院研制的雷竹竹腔注射专用肥稀释液 2.5mL。以后每年对新竹进行竹腔施肥。

3.8.3 浇灌排水

造林当年栽植穴处经常盖草覆土保持湿润，栽后若遇干旱天气，如连续 5d 无降水，则需浇水一次，每株浇水量约 15kg；多雨季节，须清沟排水。

3.8.4 母竹留养

3 月中下旬开始逐步留养，选留均匀健壮的母竹，采用留远挖近、留大挖小、疏笋养竹的方法调整竹林结构。及时疏去弱笋、小笋及虫笋，保留健壮竹笋，促使长成新竹。幼林期间，局部地方（一般在栽植穴附近）竹株过密应及时疏伐小竹、弱竹。第 1 年每株母竹留新竹 1~2 株，第 2 年、第 3 年，每株母竹留新竹 2~3 株。

禁止农畜进入，及时补植，做好病虫害防治工作，有条件者可安装太阳能灭虫灯，利用昆虫的趋光性进行诱杀，尽量采用物理除虫的方法，减少化学药剂的使用（图 3-8）。

图 3-8　太阳能灭虫灯安装和使用情况

第4章

高效培育技术研究

4.1 林地覆盖材料筛选

对林地进行覆盖实现冬笋鲜笋生产，是目前雷竹林高效经营的主要措施。林地的保温、增温效果与覆盖物、环境气温条件及冬季增施有机物的量密切相关。目前雷竹笋生产上采用增温覆盖物有竹叶、谷壳、砻糠、稻草、麦秆、木屑、竹屑、茅草、松针、有机肥等，可谓五花八门，效果各异。据研究其中以竹叶保温、增温效果最好，但竹叶难以收集，其他覆盖材料虽然来源广泛，但由于使用量过大，导致供求日趋紧张，覆盖成本居高不下，严重影响雷竹笋的经济效益。同时有些覆盖材料携带毒害物质，影响竹笋品质和食用安全。为此，根据雷竹笋生理特点、黄红壤土质特性和不同覆盖材料的性能，选择质地疏松、增温效果好、降解容易、来源丰富、经济环保的优质基质材料是目前江西雷竹产业亟待解决的问题。

为此，本书在前人研究的成果基础上，结合江西红壤地区土壤、气候特征，综合考虑经营习惯和成本，初步筛选了几种覆盖材料进行林地增温效果试验，现将试验结果总结如下。

4.1.1 试验地概况

试验地设于江西省弋阳县葛溪乡雷竹林地内，地理位置 117°13′27″~

117°37′45″E，28°3′55″~28°46′55″N。林地坡度平缓，土层深厚，土质较为疏松，土壤类型为紫色土、微酸性。试验林分林龄为 6 年，适合试验覆盖生产雷竹冬笋鲜销。

4.1.2 试验材料

雷竹林地覆盖材料的选择需遵循以下几个方面的原则：

①保温期长，温度稳定；

②疏松透气，利于土壤空气交换；

③雨水能渗入，保湿作用好；

④对环境和竹笋生长没有危害，易降解，腐烂后可以作为有机肥料；

⑤有良好的保护作用，利于竹笋出土；

⑥覆盖成本低，方法简单易行，竹笋采收方便。

为此，本试验在谨遵以上六个原则的基础上，本着经济、易得、合适的宗旨，选择位于黄红壤区弋阳县本地的稻草、砻糠、鸡粪、菜饼、麦麸作为覆盖添加材料进行试验。

4.1.3 试验设计

林地覆盖采用分层覆盖法，即底层使用稻草，上层使用砻糠，将只有此 2 层的传统覆盖法作为对照处理，其他处理则是在两种材料之间加入单一的鸡粪、菜饼或麦麸作为添加层，统计分析不同添加材料对林地增温的效果影响。

根据单一材料试验结果，对添加材料进行复配，再次进行覆盖试验，筛选合适的林地增温材料配方。

（1）单一材料试验

试验采用单因素重复试验设计，试验共 3 个水平、16 个处理，每水平设置 1 个对照、4 个重复，处理面积 1 亩，试验因素与处理详见表 4-1、表 4-2。

试验于 2013 年 11 月 21 日开始覆盖，24 日开始记录地温，于 2014 年 3 月 11 日结束。

表 4-1　试验因素

覆盖层		覆盖材料	材料用量（t/亩）
底层		稻草	2
中间层水平	1	鸡粪	2
	2	枯饼	1.5
	3	麦麸	2
上层		砻糠	14

表 4-2　试验处理

处理	处理号			
对照区	1	6	8	12
鸡粪	2	7	13	4
枯饼	3	8	5	15
麦麸	9	4	11	16

（2）覆盖材料复配试验

根据单一材料试验结果，对覆盖添加材料复配了 3 个配方，采用单因素重复试验方法，每处理设置 1 个对照、3 个重复。

试验于 2014 年 12 月 23 日开始覆盖，25 日开始记录地温，于 2015 年 3 月 11 日结束。

试验因素与处理详见表 4-3、表 4-4。

表 4-3　因素与水平　　　　　　　　　　　　　　kg/亩

材料复配	鸡粪	麦麸	菜饼
a	1000	0	1000
b	750	500	750
c	1000	1000	0

表 4-4　试验处理

处理	处理号		
对照区	18	21	27
a	17	23	26
b	20	22	25
c	19	24	28

4.1.4　数据记录与统计

　　试验期间每天 8：00 开始采挖竹笋并称重、记录，每天 10：00 开始测定并记录地温。本试验以 5d 为一个周期，对单位面积林分累计产量进行统计分析，以探讨各种材料对竹笋产量的影响，并探讨各种材料对林地增温速度和保温持久性的影响。

4.1.5　研究结果

4.1.5.1　单一材料研究结果

　　（1）增温效果

　　根据地温记录数据，我们采用每 5d 平均气温进行制图，见图4-1。

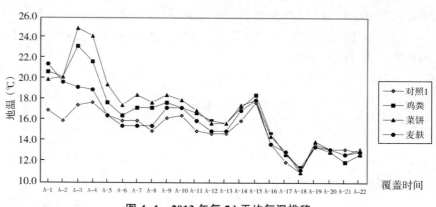

图 4-1　2013 年每 5d 平均气温推移

　　图中 A-1 即为单一材料覆盖后第 1~5d，A-2 为 6~10d，以此类推。

从图4-1可以看出，3种添加材料，在覆盖初期均能有效地提高地温，平均地温提高了4℃，其中以麦麸覆盖温度提升最快，前5d提高了将近5℃、鸡粪次之，较慢的是菜饼。

此后，麦麸覆盖的林地地温一路下降，当覆盖到第25～30d时，与对照基本无异。

而覆盖菜饼和鸡粪的林地地温则在第11～15d达到最高点，以菜饼达到了25℃最高，鸡粪则为23.5℃，而对照的地温至高点则较菜饼和鸡粪处理延后5d。此后，地温也呈现出下降趋势，除麦麸稍微有点波动外，其他3种处理的地温变化规律基本一致，但菜饼保持地温较高的优势直到覆盖后51～55d。

覆盖到71～75d时，4个处理的地温已经无明显差异了。

因此，我们认为，3种材料均能有效地提高地温，而菜饼发热时效长、保温效果最好，麦麸发热快，但温度上升迅速，比较难控制，鸡粪的增温和保温效果处于两者之间。

（2）对产量的影响

试验于2013年11月21日开始覆盖，24日开始，每日采挖竹笋并记录产量，采笋持续到2014年3月11日，共128d。根据每天的产量记录数据，对单位面积试验林分产量及每5d累计产量进行制图分析，见图4-2、图4-3。

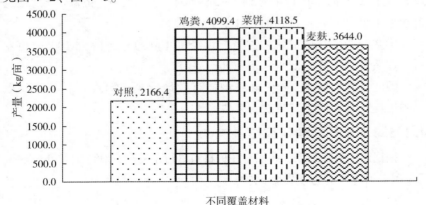

图4-2 不同覆盖材料总产量示意

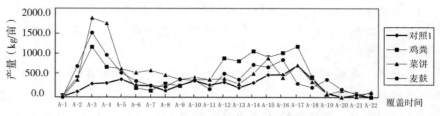

图4-3　2013年5d累计产量推移

从图4-2可以看出，3种添加材料，均能显著提高竹笋产量。添加菜饼和鸡粪的林分竹笋产量比对照高出了近1倍，其中，又以菜饼对产量的提高最多、鸡粪紧随其后，麦麸稍少，但也提高了近500kg/亩。

图中A-1为开始挖笋的第1个周期1~5d，A-2为第2个周期6~10d，以此类推，最后一个时间序列A-22为最后3d的产量数据。

从图4-3可以看出，4个处理，产量的变化趋势基本一致。整个覆盖期间，林分产量经历了2个高峰。第1个高峰在第A-3时，产量最高，但持续时间不长；第2个高峰从A-12开始到A-17结束，经历了30d，该期间竹笋产量占全部林分产量的50%左右。

林地覆盖后第4d就开始产笋，但是产量极少，但随后就急速增加，到第A-3时，达到了第1个产量高峰值，随后，产量又急剧下降，到第A-6时，产量下降到A-2的水平，之后，产量基本维持在这个水平1个月左右，直到第60d（A-12）。

第2个产量高峰过后，竹笋产量经过10d急速下降到100kg/亩左右，之后持续下降，低水平产笋8d后停产。

因此，我们认为，3种材料均能有效地提高竹笋产量，其中又以菜饼最佳，鸡粪次之，再次为麦麸。

4.1.5.2　复配材料研究结果

根据以上研究结果，我们对3种材料进行了复配，具体配方见表4-3，于2014年再次进行了覆盖试验。

（1）对温度的影响

同样，我们采用每5d平均气温进行制图，见图4-4。

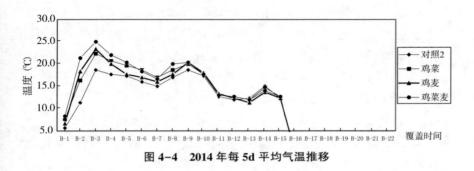

图 4-4 2014 年每 5d 平均气温推移

图中 B-1 即为单一材料覆盖后第 1 ~ 5d，B-2 为 6 ~ 10d，以此类推。

①从图 4-4 可以看出，4 个处理地温变化趋势基本一致，且无论高低，均随着当地气温的走势而变化。气温在试验期间出现了 3 次明显的升温和降温过程，出现了 3 个峰值；同样，各处理地温也相应出现了 3 次温度升降的过程，出现了 3 个最高峰值、3 个最低峰值。

②4 种处理中，b 处理保持地温较高的优势。

③覆盖后的第 1 个 5d，4 个处理对提高地温（℃）就表现出了一定的分异性，其中以 b 处理的 8.3 最高，其次为 a 处理 7.7，再次为 c 处理的 5.7，而对照的地温则与当日平均气温一致，为 5.5。

④地温第 1 个温度升降周期（1 ~ 35d）：从第 6d 开始，c 处理地温慢慢超过 a 处理，且在第 1 个升温过程中，地温始终保持着 b>c>a>对照的状态。随着气温的提升，各处理地温急剧上升，到第 3 个 5d，随着气温达到最高峰值，地温也都达到了第 1 个峰值，其排序依次是 b25>c23.3>a22.3>对照 18.7>气温 9.2。可见，覆盖能有效地提高林地温度，而 b 处理对林地温度的提高在所有处理中，效果是最好的，远远高于其他处理。

第 16d 开始，随着气温的降低，地温也随之进入下降通道，不同的是，气温仅仅下降了 5d 便开始回升，而地温则持续降低了 20d，到第 25d 时，b 处理的地温下降速度变快，地温开始低于 a 处理，而到第 35d 时，所有处理地温才下降到最低峰值，较气温下降延后了 15d，地温依次为 a17>b16.7>c16>对照 15>气温 10.7。

⑤第 2 个升降周期（36～65d）：从第 36d 开始，地温又开始缓慢上升，处理 b 也迅速地恢复到地温较高的优势地位。但气温于第 40d 达到最高峰值后，地温仍然保持持续上升，直至第 45d，较气温延后 5d 后达到峰值，较第 1 个峰值平均低约 4℃。

气温于第 40d 开始下降，至第 50d 将至最低温 2.1℃，此后开始较为迅速的升温，到第 65d 时，气温升至第 3 个高温峰值，而此时，地温则下降至第 2 个最低温，与最高温的趋势一样，此时的最低温较第 1 个升降周期的最低温低，平均为 12℃，低于气温水平。有趣的是，此时，对照处理的地温则相对较高，超出了其他处理水平。

⑥第 3 个升降周期（66～75d）：此轮温度的上升，主要因素应该是气温上升积热引起的，周期短，幅度小，5d 即达到温度顶点 14.5℃左右，此后，又跟随气温一起下降，到第 73～75d 时，4 种处理的地温基本一致了。因此，我们结束了本轮试验。

（2）对产量的影响

根据以上研究结果，结合地温控制试验，我们对 3 种材料进行了复配，具体配方见表 4-3，于 2014 年 12 月 23 日开始覆盖试验，试验设计见表 4-4。2014 年 12 月 25 日开始挖笋并记录，于 2015 年 3 月 12 日结束试验。

同样，我们对林分总产量进行统计，累计林分单位面积产量及 5d 累计产量进行制图，见图 4-5、图 4-6。

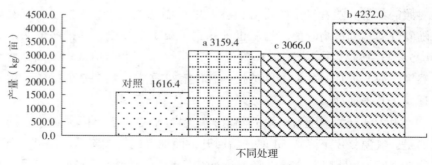

图 4-5　2015 年林分总产量统计

从图 4-5 可知，3 种处理对竹笋产量的提高呈 2 个梯度，a、c 的

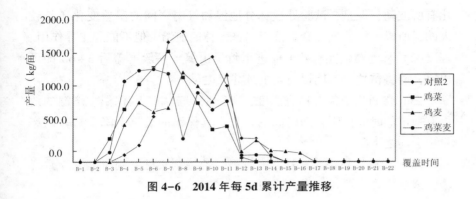

图4-6 2014年每5d累计产量推移

产量相当（3100kg/亩左右），而处理 b 以 4232kg/亩的产量遥遥领先，较对照的 1616.4kg/亩高出了 2615.6kg/亩，提高幅度达 161.8%，增产效果显著。

图4-6 中 B-1 为覆盖后第 1 个周期即 1~5d，B-2 为第 2 个周期 6~10d，以此类推。

从图4-6 可以看出，4 个处理产量动态变化趋势基本一致，但此次试验只经历了一个产笋高峰，这与单一材料试验经历了 2 次产笋高峰不同，且经历了一个较高水平的产笋后，产量迅速降低直至停产。

覆盖后第 6d 方有竹笋产出，其后经历了一次提高和降低的过程，该历程长达 45d，此期间林分累计产量占总产量的 98% 以上。

4 种处理中，b 处理产量一直保持较高的优势。而整个高产期间，对照、a、c 三个处理于 B-7 达到产量高峰，而后开始缓慢下降，处理 b 的产量峰值则在此基础上，再上扬了一个周期 B-8，达到了 653kg/亩，也是所有处理中产量最高的峰值。

林分产量在 B-12 时急剧下降到 100kg/亩左右，其后低水平维持了 3~5d，便停产了。

除了产量差别较大外，其他的趋势比如产笋时间、时长和趋势，无显著差异，因此，我们认为，处理 b 是此次试验中增产效果最好的处理。

4.1.6 结论与讨论

（1）林地覆盖能有效地提高地温，覆盖后的地温会跟随气温的变化有所波动，但是，试验处理林分地温和气温之间的温差变化还是较大的，所以，虽然气温会直接影响覆盖林地地温，但不能起主导作用。

（2）林地覆盖能有效地促进雷竹早出笋，一般覆盖后 3~6d 即可出笋，能将雷竹出笋期提前 4 个月甚至更早。

（3）雷竹出笋需要适宜温度，不同的覆盖物，其保温、增温的效果有一定的时间范围，随时间的延长，其保温的效果下降，竹笋的产量也会随之下降。

（4）麦麸发热迅速，且温度较高，若控制不好，则可能会导致烧鞭，因此，作为覆盖材料需慎用。

（5）覆盖材料有 2 次、甚至第 3 次发热的过程，但是第 1 次发热后地温最高，温度下降周期也较长。

（6）与单一添加材料试验相比，复合配方材料试验时间稍晚，其出笋的规律有所不同，单一覆盖材料有 2 次、甚至第 3 次的出笋高峰，但是复合材料试验，只出现了一次出笋高峰，而维持的时间较长。

（7）在覆盖过程中，处理 b 是对增产表现最好的材料配方，其次为 a、c，为此，我们推荐将 b 配方作为弋阳黄红壤区雷竹林地覆盖添加材料。

（8）一般微生物分解有机质适宜的碳氮比是 25∶1，而干稻草的碳氮比是 67∶1。在覆盖物中掺入含氮物就能调节碳氮比，例如本研究添加的鸡粪、菜饼等，利于有机物的分解、放热，不仅能提高地温、促进早产，分解后还能有效给土壤补充有机质，满足大量出笋所需的养分，促进高产。

（9）值得指出的是，目前市场上鸡粪多从养鸡场输出，由于养鸡场所用饲料添加成分较多，导致鸡粪中重金属、抗生素等含量较高，若大量施用，会累积在林地土壤中，给竹笋的安全性埋下隐患。

4.2 培育技术研究

4.2.1 试验地概况

试验地位于江西省林业科学院笋用竹弋阳试验基地内，地理位置 $117°13'27''\sim117°37'45''E$，$28°3'55''\sim28°46'55''N$。气候属亚热带季风气候，年平均气温 15.4℃ 左右，年均降水量 1800mm，相对湿度 86%，气候温和，光照充足，雨量充沛，土层深厚，得天独厚的地理条件非常适合雷竹的生长。

林地为农田改造而来，坡度<5°，土层深厚、疏松，土壤为紫色土、微酸性。试验林分别于 2009 年、2010 年、2012 年造林，2016 年开始试验时林龄为 4~6 年。

4.2.2　研究方法

4.2.2.1　试验设计

本试验采用 L_{24}（$4^9 \times 2^2$）正交试验设计，设置首次覆盖林龄、立竹度、覆盖时间、覆盖材料配方、覆盖厚度、竹腔施肥时间、竹腔注射肥料配方及覆盖物清除时间 9 个因素（试验因素与水平见表 4-5），共 32 个处理，每个处理面积 1 亩，对始笋期、笋期长、竹笋产量、林分产值进行统计分析，由于年生林分实施期延后，导致数据不全，本报告仅对 4~6 年生林分所对应的 1~24 处理进行统计分析，试验处理见表 4-6。其中，T_t 为最高气温，T_l 为最低气温。

表 4-5　试验因素及水平设计

因素水平	1	2	3	4
A（a） 首次覆盖林龄	4	5	6	7
C 立竹度 （株/亩）	1000	1300	1600	1800
D 覆盖时间	连续 5d，T_t<20℃ 且 T_l<10℃	连续 5d， T_l<15℃	连续 5d，T_t<15℃ 且 T_l<8℃	
E 覆盖材料	菜饼 350kg+麦麸 250kg+鸡粪 350kg+油茶果壳 350kg	菜饼 350kg+麦麸 250kg+鸡粪 200kg+油茶果壳 200kg	菜饼 350kg+麦麸 250kg+鸡粪 350kg	30（稻草 2t+砻糠 14t）
F 覆盖厚度（cm）	15（稻草 1t+砻糠 7t）	20（稻草 1.34t+砻糠 9.34t）	25（稻草 1.67t+砻糠 11.67t）	

（续）

因素水平	1	2	3	4
H 林地湿度（%）	55~60	60~65	65~70	70~75
I 竹腔肥料配方	1	2	3	4
J 竹腔施肥时间	8月	8月+覆盖	8月+覆盖+3月（留竹）	不施肥
K 土壤施肥	施肥	不施肥		
L 去覆盖物时间	正月二十一	惊蛰前4d		

表 4-6　试验处理

处理号	A	C	D	E	F	G	H	H	I	J	K	L
1	1	1	1	1	1	1	1	1	1	1	1	1
2	1	2	3	2	4	1	4	4	1	3	2	2
3	1	2	2	2	2	2	2	2	2	2	1	1
4	1	1	4	1	3	2	3	3	2	4	2	2
5	1	3	3	3	3	3	3	3	3	3	1	2
6	1	4	1	4	2	3	2	2	3	1	2	1
7	1	4	4	4	4	4	4	4	4	4	1	2
8	1	3	2	3	1	4	1	1	4	2	2	1
9	2	3	4	4	1	1	2	2	2	1	1	2
10	2	4	2	3	4	1	3	3	2	3	2	1
11	2	2	1	1	4	4	4	3	3	4	1	2
12	2	1	3	2	1	4	2	2	3	2	2	1
13	2	4	3	3	2	2	1	1	1	3	1	1
14	2	3	1	4	3	2	4	4	1	1	2	2
15	2	1	2	2	3	3	4	4	2	1	2	2
16	2	2	4	1	2	3	1	1	4	4	2	2

（续）

处理号	A	C	D	E	F	G	H	H	I	J	K	L
17	3	1	1	3	4	2	2	2	4	1	2	2
18	3	2	3	4	1	2	3	3	4	3	1	1
19	3	4	4	2	1	3	3	3	1	4	2	2
20	3	3	2	1	4	3	2	2	1	2	1	1
21	3	3	3	1	2	4	4	4	2	3	2	1
22	3	4	2	3	4	1	1	2	1	1	2	2
23	3	2	2	3	1	1	2	1	3	2	2	1
24	3	1	4	3	2	1	4	4	3	4	1	2
25	4	4	3	1	3	1	2	2	4	3	2	3
26	4	3	1	2	2	1	3	3	4	1	1	2
27	4	3	4	2	4	2	1	1	3	4	2	1
28	4	4	2	1	1	2	4	4	3	2	1	2
29	4	2	1	2	1	3	4	4	2	1	2	3
30	4	1	3	4	4	3	1	1	2	3	1	1
31	4	1	2	4	2	4	3	3	1	2	2	2
32	4	2	4	3	3	4	2	2	1	4	1	1

4.2.2.2 样地设置

每处理设置试验林分 1 亩，各处理四周挖隔离沟，沟深 50cm、宽 60cm，并在实验林地内设置 10m×10m 固定样地一个，调查记录样地内的立竹数、立竹地径、立竹年龄及立竹枝下高等本底资料，并在每个样地内取混合土样 2kg，带回实验室风干备用。

4.2.2.3 首次覆盖林龄

项目组根据江西雷竹经营习惯，参考前人研究成果，选取造林后经历 4、5、6、7 个发笋期的林分开展试验，但由于项目开始时，全省均无 7 年生林分，为此，该试验延期一年实施，导致到目前为止，7 年林分只收集到 2 年资料，尚达不到统计学意义。因此，本书仅对 4～6 年生林分所对应的 1～24 处理进行统计分析，7 年生林分未列入分析。

4.2.2.4 覆盖时间的确定

本试验将气温和地温作为覆盖时间的决定因素，每年立冬开始监测气温，每日记录最高气温（T_t）和最低气温（T_1）。

试验共设置 4 个水平，水平 1 为连续 5d 最高气温低于 20℃，水平 2 为连续 5d 最高气温低于 20℃且最低气温低于 10℃，水平 3 为连续 5d 最高气温低于 15℃，水平 4 为连续 5d 最高气温低于 15℃且最低气温低于 8℃。

2016—2018 年 11 月开始，一旦达到试验要求，就按照试验设计开始实施覆盖措施。

4.2.2.5 覆盖材料的选择

基于前期研究基础，本着经济、适用的原则，对前期初选方案进行优化，增加了油茶果壳作为添加材料。

江西是油茶大省，全省高产油茶面积 500 万亩，每年油茶生产，都会产生大量的油茶果壳，虽然有部分进行了再利用，但大部分都做丢弃处理。为此，选择油茶果壳作为覆盖添加材料不仅易得，还能变废为宝。

4.2.2.6 覆盖厚度

项目设计了 15cm、20cm、25cm 及 30cm 4 个不同的覆盖厚度，其中覆盖基础材料分别为 15cm 用稻草 1t、砻糠 7t，20cm 用稻草 1.34t、砻糠 9.34t，25cm 用稻草 1.67t、砻糠 11.67t，30cm 用稻草 2t、砻糠 14t。项目实施时，忽略了中间添加材料的厚度。

4.2.2.7 林地湿度

项目对林地 30cm 深土壤湿度设计了 55%~60%、60%~65%、65%~70%及 70%~75% 4 个水平，筛选合适的林地土壤湿度，为雷竹生产提供量化指导。

4.2.2.8 林地覆盖

林地浇透水后，采用分层覆盖法，即底层使用发热材料、上层使用保温材料、中间添加项目设置的 4 个覆盖材料配方作为添加层进行覆盖。同一处理，同一地块，2d 内完成覆盖工作。

4.2.2.9 竹腔注射专用肥配方和施用频率研究

根据雷竹生理特征及弋阳县红壤特性，初步拟配了 4 个竹腔注射养分调节配方，并设置不使用、8 月使用、8 月+覆盖时使用、8 月+覆盖+3 月使用 4 种使用水平进行配方和使用频率筛选。

4.2.2.10 土壤施肥

设置施肥与不施肥两个水平。

施肥处理是覆盖前林地内撒施尿素 50kg 后再浇水。

4.2.2.11 地温监测方法

覆盖期间，每日监测地温（Tg）：用探干插入式数显温度计插入林地约 30cm 处进行测量并记录。测量时间为 10：00，于林地覆盖前、覆盖完成当日测量，覆盖完成后第 2d 开始连续测量 10d，Tg 连续 5d 升幅低于 1℃后每 3d 测量 1 次。

4.2.2.12 林分结构的确定

参照毛竹丰产培育技术规程及雷竹丰产培育技术规程，立竹度设置为 1000~1300 株/亩、1300~1600 株/亩、1600~1800 株/亩、1800~2000 株/亩 4 个水平。立竹年龄结构按照 1~4 年生立竹数比例为 1:3:3:3原则进行，立竹不足部分优先由下一年度立竹补充。

4.2.2.13 竹笋采挖

覆盖后第 3d 开始观察林分出笋情况，自第 1 次采挖到竹笋后，每天采挖并登记产量，直到笋期结束，同时对始笋期、终笋期进行记录。

4.2.2.14 覆盖物去除

根据市场行情，每年元宵节过后，鲜笋价格就会骤降，覆盖生产的经营效益会极低，为此，本试验设置了一个水平为正月二十一日开始清除覆盖物。另外，根据雷竹生理特性，设置一个水平为惊蛰前 4d 开始清除。每年达到去除条件便开始施工，同一处理，同一地块，5d 内完成清除工作。

4.2.2.15 林地土壤和竹笋品质监测

每年采集样地内土壤、竹笋土样，部分指标送本项目组实验室检测，部分指标送进出口检验检疫局，按照出口鲜笋检验规程进行检测，以监测竹笋品质及林分土壤变化情况。

4.2.2.16　数据分析

应用 Excel 及 DPS 数据处理系统对连续 3 年的试验数据进行统计分析（表4-7）。

4.2.3　研究成果

竹笋被誉为"美味山珍"，其营养和药用价值已越来越受到国内外的重视和认可。雷竹作为中国传统的优良笋用竹种，笋味鲜美、出笋早、经济价值高，近 30 年来持续热销，鲜笋供不应求，江西省东北地区的种植也正如火如荼的发展。

雷竹笋用林的经营效益，取决于林分的产量、售价和经营成本，林分产量及竹笋售价越高、经营成本越低，林分的经营效益就越高，反之，则越低。雷竹笋的市场售价，以圣诞至元宵期间较高，春节期间最高，而雷竹自然笋期并不在此期间。因此，要提高经营效益，势必促使林分在此期间出笋，生产市场需求的产品，并有效地提高产量、降低成本。

不同年龄的竹林、不同的立竹结构，均影响竹林的生态条件（光、温、水、肥、气等）。同时，立竹度的大小直接影响林分竹叶数量，进而影响林分干物质积累，最终影响林分产量。因此，本项目将首次覆盖林龄、林分立竹度设置为试验因素，研究对林分产量的持续影响。

竹类植物是喜肥树种，合理施肥是促进林分稳产、高产的必要措施。本项目设置竹腔施肥、土壤施肥多种施肥方案进行试验，探讨生态施肥的方法。

竹笋的生长，是在笋芽分化的基础上，积累足够的养分和热量来实现。养分的积累取决于林分养分供应和土壤肥力状况，热量的积累取决于地温，因此，要使雷竹提早在冬季12月至翌年2月出笋，必须采取增温、保温技术措施提高土壤温度，满足笋芽对热量的需求，进而实现生长。

kg, 万元

表4-7　试验林3年产量记录

处理号	始笋期 (d)			笋期长 (d)			总产量 (kg)			产值 (万元)			平均单价 (元/kg)			2016—2018 年累计	
	2016	2017	2018	2016	2017	2018	2016	2017	2018	2016	2017	2018	2016	2017	2018	产量	产值
1	10	6	5	96	97	97	1462.1	2529.3	1227.3	2.74	4.98	2.70	19.18	19.70	22.04	5218.7	10.42
2	12	7	15	86	90	90	1716.4	1511.4	1009.4	2.62	2.91	2.06	15.27	19.24	20.46	4237.1	7.59
3	16	6	6	90	97	97	1526.4	2024.6	1171.4	2.31	3.99	2.53	16.51	19.69	21.60	4722.4	8.83
4	9	6	6	91	91	91	1698	1958.0	1135.4	2.60	3.78	2.33	15.28	19.32	20.56	4791.4	8.71
5	12	7	12	86	90	90	1125.8	1954.7	1094	1.77	3.69	2.26	15.75	18.89	20.70	4174.5	7.72
6	10	8	5	96	95	95	1560.5	1800.2	1562.9	2.84	3.13	3.59	19.00	17.41	22.94	4923.6	9.56
7	9	7	6	89	90	90	1213.3	1606.1	1159.9	2.15	3.21	2.46	17.74	20.01	21.19	3979.3	7.82
8	16	7	6	90	96	96	1646.9	2042.1	1389.2	2.78	3.90	3.14	17.34	19.09	22.58	5078.2	9.82
9	7	6	6	91	91	90	1852	1415.4	2303.8	3.13	1.18	1.04	16.92	8.31	4.51	5571.2	5.35
10	16	7	11	90	96	85	1428	2141.9	1600.8	2.39	3.96	3.65	17.43	18.47	22.78	5170.7	10
11	10	6	11	88	91	85	1722.5	2442.6	1654.2	2.90	4.73	3.81	16.82	19.36	23.04	5819.3	11.44
12	7	6	11	99	97	85	1253.5	1530.7	940.47	1.96	2.94	1.91	16.70	19.21	20.31	3724.67	6.81
13	7	6	11	99	97	90	1059.2	1777.0	1716.6	1.69	3.31	3.89	16.61	18.64	22.67	4552.8	8.89
14	10	7	11	88	90	85	1679.8	1693.5	1669.3	3.18	3.20	3.79	18.95	18.89	22.72	5042.6	10.17
15	16	6	6	90	96	95	897.3	1813.3	1360.8	1.37	3.36	3.09	16.79	18.52	22.68	4071.4	7.82
16	7	8	11	91	89	95	1387.8	2156.2	1267.3	2.05	4.06	3.13	14.76	18.81	24.68	4811.3	9.24
17	9	6	5	91	91	91	2325.3	1981.6	1370.9	4.06	3.72	3.06	17.47	18.79	22.33	5677.8	10.84
18	7	6	15	99	97	97	1657	1456.0	860.4	2.79	2.91	1.74	17.83	19.97	20.23	3973.4	7.44
19	7	6	6	91	91	91	1851.1	1384.9	1020.8	2.89	2.79	2.14	15.61	20.18	20.99	4256.8	7.82
20	16	6	8	90	97	97	1891	2177.9	1441.1	3.12	4.16	3.27	17.35	19.10	22.70	5510	10.55
21	7	6	19	99	97	97	1480.2	1576.5	768.3	2.34	3.07	1.62	16.92	19.45	21.06	3825	7.03
22	10	6	7	88	91	91	2556.6	1650.1	1598.2	4.19	3.31	3.70	16.40	20.05	23.14	5804.9	11.2
23	16	6	4	82	97	97	2075.1	1691.5	1543.7	3.57	3.33	3.54	17.84	19.69	22.93	5310.3	10.44
24	7	9	6	100	88	88	2478.3	1396.8	1242.5	4.13	2.83	2.69	16.65	20.24	21.63	5117.6	9.65

注：本表中 2016, 2017, 2018 对应的数据分别为 2016—2017 年、2017—2018 年、2018—2019 年三个生产期的数据。

　　研究表明，雷竹出笋温度在 9~10℃ 以上，也就是说，要促进雷竹出笋，必须保持雷竹林地土壤温度持续超过 9~10℃。同时也有研究表明，若地温持续超过 30℃，则会造成雷竹鞭系灼伤，有损林分健康，甚至会导致立竹死亡。因而，在采取相关增温、保温措施的同时，也需控制地温不高于 30℃。所以，开始覆盖时间、覆盖时长、覆盖材料及覆盖厚度，都会直接影响雷竹的覆盖生产。

　　目前雷竹笋生产上采用增温覆盖物有竹叶、谷壳、砻糠、稻草、麦秆、木屑、竹屑、茅草、松针、有机肥等，可谓五花八门，效果各异。据以往研究，林地的保温、增温效果与覆盖物、环境气温条件及冬季增施有机物的量也有关。以竹叶保温、增温效果最好，但竹叶难以收集。其他覆盖材料虽然来源广泛，但由于使用量过大，导致供求日趋紧张，覆盖成本居高不下，严重影响雷竹笋的经济效益。同时有些覆盖材料携带毒害物质，影响竹笋品质和食用安全。

　　为此，项目组根据雷竹笋生理特点、红壤特性和不同覆盖材料的性能，选择稻草、砻糠、鸡粪、菜饼、麦麸等这些弋阳县本地易得且经济实惠的有机材料作为覆盖添加物，以地温和竹笋产量作为考察因子进行试验。试验结果显示：麦麸发热迅速，且温度较高，若控制不好，则可能会导致烧鞭；覆盖材料有 2 次、甚至 3 次发热的过程，但是第 1 次发热后地温最高，温度下降周期也较长；覆盖添加物鸡粪750kg+麦麸 500kg+菜饼 750kg 是对增产表现最好的材料配方。我们在此基础上，引入油茶果壳对覆盖材料进行复配升级，以期为江西雷竹覆盖冬笋生产提供覆盖材料选择相关的理论依据。

　　由于雷竹不是江西乡土竹种，在江西的生理、生长特性与原产地有一定的区别，加之气候和立地条件的不同，其生产季节存在着较大差异。因此，笔者在江西省种植面积较大的弋阳县开展试验研究，总结雷竹覆盖生产在江西地区的林龄选择、覆盖时间及时长、林分施肥、覆盖材料种类及用量、林地土壤湿度等指标，以期为林农科学发展生产提供指导。

　　项目营建试验林 24 亩，带动当地林农种植 3 万余亩、200 余户贫困户成功脱贫。大面积的优质林分，不仅可以引导当地林农科学营林，提高林分经营管理水平，促进农民、财政增收，还可提供大量的优质竹笋、改善当地的生态环境，可谓社会、生态、经济效益显著。

4.2.3.1 不同处理对始笋期的影响

由图 4-7 可知，各处理始笋期有一定的分异性，其中 2016 年始笋期最长、发笋最慢，3 年间不同处理之间出现了一定的变化。

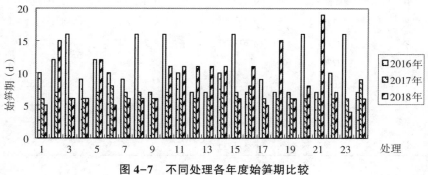

图 4-7 不同处理各年度始笋期比较

由图 4-8 可知，开始覆盖时间（因素 D）对始笋期的影响较大，其次为竹腔施肥时间（因素 J）、林分立竹度（因素 C），其余影响从大到小依次为 F、E、H、A、L、K、I。

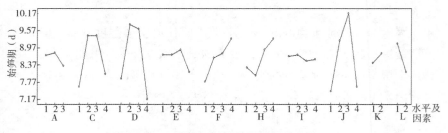

图 4-8 各处理对始笋期的影响曲线

由各处理均值统计分析（表 4-8）可知，以开始覆盖时间 D4 水平 7.17d 发笋最快，也是全部试验发笋最快的处理，其次为 D1，再次为 D3、D2。

J3（竹腔施肥时间）水平则是所有处理中，发笋最慢的处理，进一步分析发现，实施竹腔施肥的林分与不实施的林分相比，始笋期都较长，且次数越多始笋期越长。

表 4-8　各处理始笋期均值统计

因子	水平 1	水平 2	水平 3	水平 4
A	8.708333	8.791667	8.333333	
C	7.611111	9.388889	9.388889	8.055556
D	7.888889	9.777778	9.611111	7.166667
E	8.722222	8.722222	8.888889	8.111111
F	7.777778	8.611111	8.777778	9.277778
H	8.2778	8	8.8889	9.2778
I	8.666667	8.722222	8.5	8.555556
J	7.444444	9.222222	10.16667	7.611111
K	8.444444	8.777778		
L	9.111111	8.111111		

　　因素 C 的结果分化成 2 个水平，以 1000~1300 株/亩发笋最快、1800~2000 株/亩次之，1300~1600 株/亩和 1600~1800 株/亩较慢、且二者差异不大。

　　因素 E 结果也分化成 2 个水平，E4 较快，其余 3 个处理之间差异不大。

　　因素 H（林地土壤湿度）以水平 2 即林地土壤湿度 60%~65% 始笋期最短，其次为 55%~60%，最慢的是 70%~75%。由此，可认为，林地土壤湿度可影响发笋的快慢，最利于发笋的湿度为 60%~65%。

　　因素 I 以水平 3 稍快，其余差异不大。

　　因素 K 以施肥发笋较快。

　　因素 L 以惊蛰前 4d 去除覆盖物发笋较快，这主要是对下一年的始笋期造成影响。

　　极差分析和方差分析结果（表 4-9）显示，A3、C1、D4、E4、F1、H2、I3、J1、K1、L1 始笋期较短，而 A1、C2、D2、E3、F4、H4、I2、J3、K2、L1 始笋期较长。

表 4-9　始笋期极差和方差分析

项目	因子	极小值	水平	极大值	水平	极差 R	调整 R′
极差分析	A	8.3333	3	8.7917	2	0.4583	0.6741
	C	7.6111	1	9.3889	2	1.7778	1.9596
	D	7.1667	4	9.7778	2	2.6111	2.8782
	E	8.1111	4	8.8889	3	0.7778	0.8573
	F	7.7778	1	9.2778	4	1.5000	1.6534
	H	8	2	9.2778	4	1.2778	1.4085
	I	8.5000	3	8.7222	2	0.2222	0.2449
	J	7.4444	1	10.1667	3	2.7222	3.0006
	K	8.4444	1	8.7778	2	0.3333	0.8198
	L	8.1111	2	9.1111	1	1	2.4595

项目	变异来源	平方和	自由度	均方	F 值	p 值
方差分析	A	2.8611	2	1.4306	0.0995	0.9055
	C	45.3333	3	15.1111	1.0512	0.3786
	D	89.4444	3	29.8148	2.0741	0.1161
	E	6.3333	3	2.1111	0.1469	0.9312
	F	21	3	7	0.4870	0.6930
	H	18.1111	3	6.0370	0.4200	0.7395
	I	0.5556	3	0.1852	0.0129	0.9980
	J	92.7778	3	30.9259	2.1514	0.1060
	K	2	1	2	0.1391	0.7108
	L	18	1	18	1.2522	0.2687
	误差	690	48	14.3750		
	总和	849.1111				

　　进一步方差分析表明，各因素各水平对始笋期的影响有一定的分异性，其影响从大到小依次为 J、D、L、C、F、K、H、A、E、I，但均没有达到显著水平。

4.2.3.2 不同处理对笋期长的影响

从图 4-9 来看，同一处理各年度笋期长差异不大，但同一年度各处理间存在一定的差异。

由图 4-10 可知，因素 F（覆盖厚度）对笋期长的影响较大，其次为因素 L（去覆盖物时间），其余影响从大到小依次为 J、H、D、A、E、C、I、K。

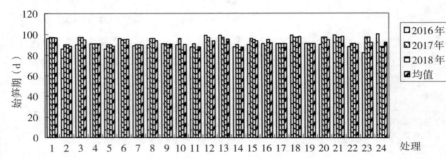

图 4-9　不同处理各年度笋期长比较

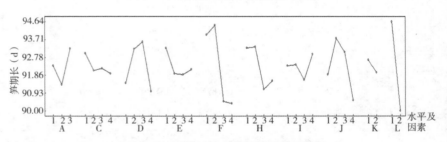

图 4-10　覆盖时机对笋期长的影响曲线

表 4-10　各处理笋期长均值统计

因子	水平 1	水平 2	水平 3	水平 4
A	92.33333	91.375	93.25	
C	93	92.11111	92.22222	91.94444
D	91.44444	93.22222	93.61111	91
E	93.27778	91.94444	91.88889	92.16667
F	93.94444	94.44444	90.5	90.38889

（续）

因子	水平1	水平2	水平3	水平4
H	93.2778	93.3333	91.1111	91.5556
I	92.33333	92.38889	91.61111	92.94444
J	91.88889	93.77778	93.05556	90.55556
K	92.63889	92		
L	94.63889	90		

各处理均值统计分析（表4-10）可知，因素F（覆盖厚度）对笋期长的影响最大，且4个处理结果分化成2个水平，1、2水平笋期较长，3、4较短。

林地覆盖后，地温上升导致林分生理变化、出笋，覆盖物去除时，竹笋生产停止，笋期结束，直接决定了笋期持续时间。

而因素A（林分年龄）对当年笋期长短的影响较小，以A3水平较高。

因素C、E、I对笋期长的影响不大，以1000~1300株/亩、覆盖材料配方1（菜饼350kg+麦麸250kg+鸡粪350kg+油茶果壳350kg）和竹腔施肥配方4稍长。

因素D、J对笋期长的影响，两因素之间差异不大，且分别分化成2类，均以1、4水平较短，2、3水平较长，且以3水平最长。

因素H实验结果也分化成2个梯度，1、2水平远高于3、4水平。可见，林地湿度过大，不利于林分生长。

因素K试验结果显示，施肥稍长于不施肥。

因素L则以惊蛰前4d去除覆盖物较短。

表4-11极差分析结果显示，A3、C1、D3、E1、F2、H2、I4、J2、K1、L1笋期较长，而A2、C4、D4、E3、F4、H3、I3、J4、K2、L2笋期较短。

进一步方差分析（表4-11）表明，各因素各水平对始笋期的影响有一定的分异性，其影响从大到小依次为L、F、J、D、H、A、K、E、I、C，其中因素L、F达到了极显著水平，其余没有达到显著水平。

表 4-11　笋期长极差和方差分析

项目	因子	极小值	水平	极大值	水平	极差 R	调整 R′
极差分析	A	91.3750	2	93.2500	3	1.8750	2.7577
	C	91.9444	4	93	1	1.0556	1.1635
	D	91	4	93.6111	3	2.6111	2.8782
	E	91.8889	3	93.2778	1	1.3889	1.5309
	F	90.3889	4	94.4444	2	4.0556	4.4703
	H	91.1111	3	93.3333	2	2.2222	2.4495
	I	91.6111	3	92.9444	4	1.3333	1.4697
	J	90.5556	4	93.7778	2	3.2222	3.5518
	K	92	2	92.6389	1	0.6389	1.5714
	L	90	2	94.6389	1	4.6389	11.4094

项目	变异来源	平方和	自由度	均方	F 值	p 值
方差分析	A	42.1944	2	21.0972	1.5328	0.2263
	C	11.8194	3	3.9398	0.2862	0.8351
	D	89.8194	3	29.9398	2.1752	0.1031
	E	22.8194	3	7.6065	0.5526	0.6488
	F	255.4861	3	85.1620	6.1874	0.0012
	H	71.8194	3	23.9398	1.7393	0.1715
	I	16.1528	3	5.3843	0.3912	0.7599
	J	107.3750	3	35.7917	2.6004	0.0629
	K	7.3472	1	7.3472	0.5338	0.4686
	L	387.3472	1	387.3472	28.1423	0
	误差	660.6667	48	13.7639		
	总和	1271.6528				

4.2.3.3　不同处理对竹笋产量的影响

　　由图 4-11 可知，各处理间竹笋年度产量差异较大，覆盖第 2 年产量最高，而 2018 年冬雨水多，在全省雷竹生产大幅减产的情况下，本试验还能保持一个较高的水平。

　　由图 4-12、图 4-13 可知，各因素对年度竹笋产量和 3 年累计竹

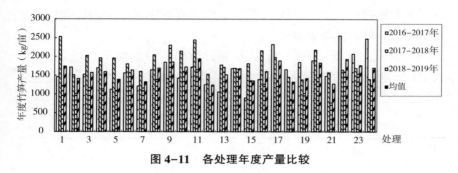

图 4-11 各处理年度产量比较

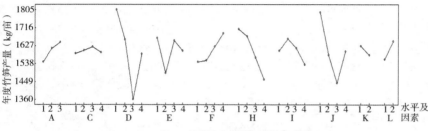

图 4-12 各处理对年度竹笋产量影响曲线

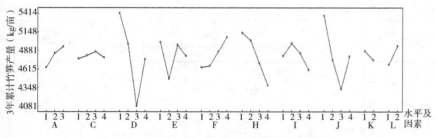

图 4-13 各处理对 3 年累计竹笋产量影响曲线

笋产量的影响规律是一致的。因素 D（开始覆盖时间）对竹笋产量的影响最大，其次为 J 因素（竹腔施肥时间），再次为 H 因素（林地湿度），其余影响从大到小依次为 F、E、A、L、I、K、C。

各处理均值统计分析（表 4-12～表 4-15）可知，年度竹笋产量和 3 年累计竹笋产量最高值和最低值都出现在 D 因素下。其中 D1 最高，D3 最低，D2、D4 相差不大。

表 4-14 极差分析结果显示，因素 J 对年度竹笋产量、3 年累计竹

笋产量的影响仅次于 D，J1 的产量在所有处理中仅次于 D1，而 J3 的产量为第 2 低，仅高于 D3。

因素 H 对年度竹笋产量、3 年累计竹笋产量的影响仅居第 3 位，以 H1 产量最高、H2 次之、H4 最低，且 H1 的产量在所有处理中也位于第 3。

表 4-12　各处理对年度竹笋产量均值统计

因子	水平 1	水平 2	水平 3	水平 4
A	1546. 883	1615. 165	1644. 825	
C	1588. 976	1604. 1	1622. 306	1593. 783
D	1804. 828	1659. 056	1360. 415	1584. 867
E	1665. 317	1489. 848	1653. 978	1600. 022
F	1545. 721	1552. 928	1621. 95	1688. 567
H	1709. 7889	1673. 8706	1565. 8944	1459. 6111
I	1601	1660. 311	1614. 998	1532. 856
J	1791. 044	1578. 721	1440. 75	1598. 65
K	1625. 431	1579. 152		
L	1557. 81	1646. 772		

表 4-13　各处理对 3 年累计竹笋产量均值统计

因子	水平 1	水平 2	水平 3	水平 4
A	4640. 65	4845. 496	4934. 475	
C	4766. 928	4812. 3	4866. 917	4781. 35
D	5414. 483	4977. 167	4081. 245	4754. 6
E	4995. 95	4469. 545	4961. 933	4800. 067
F	4637. 162	4658. 783	4865. 85	5065. 7
H	5129. 3667	5021. 6117	4697. 6833	4378. 8333
I	4803	4980. 933	4844. 995	4598. 567
J	5373. 133	4736. 162	4322. 25	4795. 95
K	4876. 292	4737. 456		
L	4673. 431	4940. 317		

表4-14　年度竹笋产量极差和方差分析

项目	因子	极小值	水平	极大值	水平	极差 R	调整 R´
极差分析	A	1546. 8833	1	1644. 8250	3	97. 9417	144. 0509
	C	1588. 9761	1	1622. 3056	3	33. 3294	36. 7381
	D	1360. 4150	3	1804. 8278	1	444. 4128	489. 8630
	E	1489. 8483	2	1665. 3167	1	175. 4683	193. 4135
	F	1545. 7206	1	1688. 5667	4	142. 8461	157. 4550
	H	1459. 6111	4	1709. 7889	1	250. 1778	275. 7636
	I	1532. 8556	4	1660. 3111	2	127. 4556	140. 4905
	J	1440. 7500	3	1791. 0444	1	350. 2944	386. 1192
	K	1579. 1519	2	1625. 4306	1	46. 2786	113. 8228
	L	1557. 8103	1	1646. 7722	2	88. 9619	218. 8030

项目	变异来源	平方和	自由度	均方	F 值	p 值
方差分析	A	121077. 6309	2	60538. 8154	0. 3344	0. 7174
	C	11763. 3883	3	3921. 1294	0. 0217	0. 9956
	D	1854917. 4220	3	618305. 8073	3. 4157	0. 0246
	E	347260. 6493	3	115753. 5498	0. 6395	0. 5933
	F	242404. 3770	3	80801. 4590	0. 4464	0. 7210
	H	690510. 3991	3	230170. 1330	1. 2715	0. 2947
	I	150313. 6303	3	50104. 5434	0. 2768	0. 8419
	J	1121259. 2436	3	373753. 0812	2. 0647	0. 1173
	K	38550. 7772	1	38550. 7772	0. 2130	0. 6465
	L	142456. 0961	1	142456. 0961	0. 7870	0. 3794
	误差	8688975. 0446	48	181020. 3134		

产量对首次因素 A（覆盖竹龄）的响应与始笋期、笋期长的响应差不多，以水平3最高。

因素 C 对产量的影响较小，以 C3 最高，C2 次之，再次为 C4、C1。

表 4-15　三年累计竹笋产量极差和方差分析

项目	因子	极小值	水平	极大值	水平	极差 R	调整 R′
极差分析	A	4640.6500	1	4934.4750	3	293.8250	432.1526
	C	4766.9283	1	4866.9167	3	99.9883	110.2142
	D	4081.2450	3	5414.4833	1	1333.2383	1469.5891
	E	4469.5450	2	4995.9500	1	526.4050	580.2406
	F	4637.1617	1	5065.7000	4	428.5383	472.3651
	H	4378.8333	4	5129.3667	1	750.5333	827.2907
	I	4598.5667	4	4980.9333	2	382.3667	421.4715
	J	4322.2500	3	5373.1333	1	1050.8833	1158.3576
	K	4737.4558	2	4876.2917	1	138.8358	341.4684
	L	4673.4308	1	4940.3167	2	266.8858	656.4089

项目	变异来源	平方和	自由度	均方	F 值	p 值
方差分析	A	363232.8926	2	181616.4463		
	C	35290.1649	3	11763.3883		
	D	5564752.2659	3	1854917.4220		
	E	1041781.9479	3	347260.6493		
	F	727213.1309	3	242404.3770		
	H	2071531.1973	3	690510.3991		
	I	450940.8909	3	150313.6303		
	J	3363777.7309	3	1121259.2437		
	K	115652.3317	1	115652.3317		
	L	427368.2882	1	427368.2882		
	总和	9807713.5764				

　　因素 E 4 个水平相差不大。以配方 1 最高，其次为配方 3，再次为 4，最低的为 2。而配方 3 是唯一一个没有添加鸡粪的，因此，我们认为，鸡粪是能有效提高竹笋产量的材料。但是，部分鸡粪里含有重金属，所以，能否作为推广材料，还有待于对林地土壤和竹笋品质进行监测。

　　因素 F（覆盖厚度）越厚，产量越高。覆盖 30cm 时，笋期并不是最长的，因此，还需结合产量的推移来分析产笋规律。

土壤施尿素能提高竹笋产量，但差异并不大。

惊蛰前去除覆盖物，产量更高。

极差分析结果显示，A3、C3、D1、E1、F4、H1、I2、J1、K1、L2 产量较高，而 A1、C1、D3、E2、F1、H4、I4、J3、K2、L1 笋产量较低。

进一步方差分析表明，各因素各水平对产量的影响有一定的分异性，其影响从大到小依次为 D、J、H、L、E、K、A、F、I、C，其中因素 D 达到了显著水平。

4.2.3.4 不同处理对产值的影响

各年度平均亩产值为 3.0 万元，由图 4-14 看，各处理间年度产值差异较大，从 1.18 万~4.98 万元/亩不等，其中处理 9 的产值 2017、2018 年度均为最低。年均产值以 2017 年 3.4 万元/亩最高，2018 年 2.8 万元/亩次之，2016 年 2.7 万元/亩最低，这与产量的规律是一致的。

由图 4-15、图 4-16 可知，各因素对年度竹笋产值和 3 年累计竹笋产值的影响规律是一致的。

开始覆盖时间（因素 D）对竹笋产值的影响最大，其次为因素 F（覆盖厚度）、因素 J（竹腔施肥时间）、因素 H（林地湿度），其余影响从大到小依次为 E、I、C、A、K，因素 L 对产值的影响非常微小。

各处理均值统计分析（表 4-16、表 4-17）可知，年度竹笋产值和 3 年累计竹笋产值最高值和最低值都出现在 D 因素下。其中 D1 最高，D3 最低，D2、D4 相差不大。这与竹笋产量的规律一致。

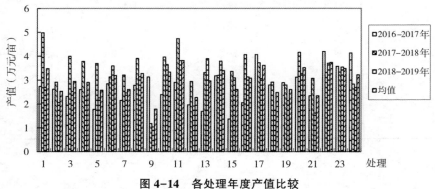

图 4-14 各处理年度产值比较

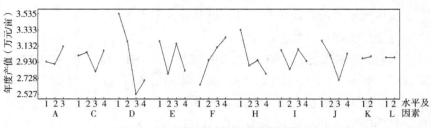

图 4-15　各处理对年度产值影响曲线

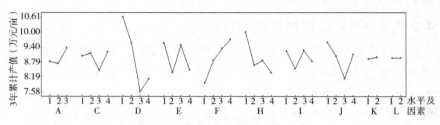

图 4-16　各处理对 3 年累计产值影响曲线

表 4-16　各处理对年度竹笋产值均值统计

因子	水平 1	水平 2	水平 3	水平 4
A	2. 93625	2. 905	3. 12375	
C	3. 013889	3. 054444	2. 813333	3. 071667
D	3. 535	3. 192222	2. 526667	2. 699444
E	3. 188333	2. 781667	3. 162222	2. 821111
F	2. 647778	2. 955556	3. 114444	3. 235556
H	3. 3339	2. 8856	2. 9517	2. 7822
I	3. 08	2. 84	3. 09	2. 943333
J	3. 196667	3. 015	2. 703889	3. 037778
K	2. 975833	3. 000833		
L	2. 989167	2. 9875		

表 4-17   各处理对 3 年累计竹笋产值均值统计

因子	水平 1	水平 2	水平 3	水平 4
A	8.80875	8.715	9.37125	
C	9.041667	9.163333	8.44	9.215
D	10.605	9.576667	7.58	8.098333
E	9.565	8.345	9.486667	8.463333
F	7.943333	8.866667	9.343333	9.706667
H	10.0017	8.6567	8.8550	8.3467
I	9.24	8.52	9.27	8.83
J	9.59	9.045	8.111667	9.113333
K	8.9275	9.0025		
L	8.9675	8.9625		

表 4-18 极差分析结果显示，因素 F 对年度竹笋产值、3 年累计竹笋产值的影响仅次于 D，覆盖越厚产值越高。这与竹笋产量呈正相关的关系。

因素 H 对产值的影响，排在第 3 位，且分化成 2 个梯度，以水平 1 产值最高，且远远高于其他水平。因此，本试验认为，林地土壤湿度保持在 55% 左右有利于提高林分产量和产值。

因素 A 与前面所有分析的因子一样，A3 水平产值最高。

因素 C 水平 3（1600~1800 株/亩）最低，其余 3 个水平差异不大。

因素 E、I 对产值的影响分化成 2 个水平，均以 1、3 较高，2、4 较低。

因素 F 对产值的影响与产量规律一致，覆盖厚度从薄到厚产值逐步递增。

因素 J 以 8 月进行竹腔施肥的产值最高，其次为水平 2、4，再次为 3。

因素 K 和 L 对产值与产量的影响相左，具体原因有待于进一步分析。

极差分析结果（表 4-19）显示，A3、C4、D1、E1、F4、H1、

I3、J1、K2、L1 产值较高，而 A2、C3、D3、E2、F1、H4、I2、J3、K1、L2 产值较低。

进一步方差分析（表4-19）表明，各因素各水平对产值的影响有一定的分异性，其影响从大到小依次为 D、F、H、E、J、A、I、C、K、L，其中因素 D 达到了显著水平。

表 4-18　3 年累计竹笋产值极差和方差分析

项目	因子	极小值	水平	极大值	水平	极差 R	调整 R′
极差分析	A	8.7150	2	9.3713	3	0.6563	0.9652
	C	8.4400	3	9.2150	4	0.7750	0.8543
	D	7.5800	3	10.6050	1	3.0250	3.3344
	E	8.3450	2	9.5650	1	1.2200	1.3448
	F	7.9433	1	9.7067	4	1.7633	1.9437
	H	8.3467	4	10.0017	1	1.6550	1.8243
	I	8.5200	2	9.2700	3	0.7500	0.8267
	J	8.1117	3	9.5900	1	1.4783	1.6295
	K	8.9275	1	9.0025	2	0.0750	0.1845
	L	8.9625	2	8.9675	1	0.0050	0.0123

项目	变异来源	平方和	自由度	均方	F 值	p 值
方差分析	A	2.0156	2	1.0078		
	C	2.3000	3	0.7667		
	D	34.3984	3	11.4661		
	E	7.6092	3	2.5364		
	F	10.4801	3	3.4934		
	H	9.3851	3	3.1284		
	I	2.3094	3	0.7698		
	J	6.8832	3	2.2944		
	K	0.0338	1	0.0338		
	L	0.0001	1	0.0002		
	总和	56.8392				

表 4-19 年度竹笋产值极差和方差分析

项目	因子	极小值	水平	极大值	水平	极差 R	调整 R′
极差分析	A	2.9050	2	3.1237	3	0.2187	0.3217
	C	2.8133	3	3.0717	4	0.2583	0.2848
	D	2.5267	3	3.5350	1	1.0083	1.1115
	E	2.7817	2	3.1883	1	0.4067	0.4483
	F	2.6478	1	3.2356	4	0.5878	0.6479
	H	2.7822	4	3.3339	1	0.5517	0.6081
	I	2.8400	2	3.0900	3	0.2500	0.2756
	J	2.7039	3	3.1967	1	0.4928	0.5432
	K	2.9758	1	3.0008	2	0.0250	0.0615
	L	2.9875	2	2.9892	1	0.0017	0.0041

项目	变异来源	平方和	自由度	均方	F 值	p 值
方差分析	A	0.6719	2	0.3359	0.5587	0.5756
	C	0.7667	3	0.2556	0.4250	0.7359
	D	11.4661	3	3.8220	6.3564	0.0010
	E	2.5364	3	0.8455	1.4061	0.2525
	F	3.4934	3	1.1645	1.9366	0.1363
	H	3.1284	3	1.0428	1.7342	0.1725
	I	0.7698	3	0.2566	0.4267	0.7347
	J	2.2944	3	0.7648	1.2719	0.2946
	K	0.0113	1	0.0113	0.0187	0.8918
	L	0.0001	1	0.0001	0.0001	0.9928
	误差	28.8620	48	0.6013		
	总和	47.8084				

4.2.3.5 不同处理下各竹笋售价情况

由图 4-17 看，2016—2019 年，雷竹笋的售价持续上涨，各处理间年度售价波动较大，这是否与竹笋产量的推移规律一致，有待于进一步分析。

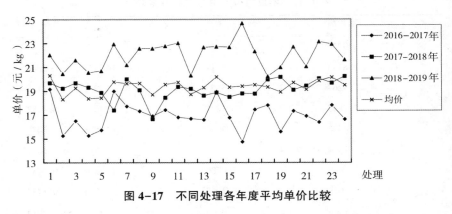

图4-17　不同处理各年度平均单价比较

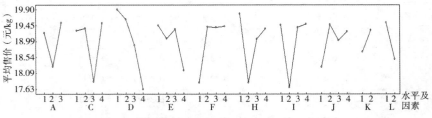

图4-18　各处理对各年度平均售价的影响曲线

由图4-18看，覆盖时间（因素D）对单价的影响较大，其次为L（覆盖物去除时间），再次为I，其余依次为H、F、C、E、J、A、L、K。

各处理均值统计分析（表4-20）可知，覆盖时间（因素D）对单价的影响较大，越早覆盖，单价越高，相反则越低。

其次影响较大的为I（竹腔施肥时间），以水平2处于较低水平，其余均较高，且差异不大。

因素F对单价的影响表现为水平1较低，其余3水平均较高，以4水平最高。

因素C（立竹度）以水平3（1600~1800株/亩）较低，其余按水平1、2、4依次提高。

因素E售价最好的是配方1，其次为3，再次为2，最低的为4，

表 4-20 各处理年度售价均值统计

因子	水平 1	水平 2	水平 3	水平 4
A	19.2288	18.2742	19.5229	
C	19.3000	19.3739	17.8461	19.5144
D	19.9017	19.6161	18.8839	17.6328
E	19.4517	19.0750	19.3367	18.1711
F	17.8167	19.4039	19.3944	19.4194
H	19.7861	17.8250	19.0672	19.3561
I	19.4611	17.6889	19.3950	19.4894
J	18.2639	19.4794	19.0206	19.2706
K	18.6989	19.3183		
L	19.5267	18.4906		

也就是没有添加油茶果壳的配方。

因素 J 以水平 3 达到巅峰，其次为 2，1、4 均较低。

因素 A 对单价的影响与对所有考察指标的影响一直，均以 A3 水平最高。

因素 K 以不施肥售价较高，因素 L 以惊蛰前 4d 去除覆盖物售价较高。

极差分析结果（表 4-21）显示，极差分析结果显示，A3、C4、D1、E1、F4、H1、I4、J2、K2、L1 售价较高，而 A2、C3、D4、E4、F1、H2、I2、J1、K1、L2 售价较低。

进一步方差分析（表 4-21）表明，售价对各因素的响应有一定的分异性，但均没有达到显著水平，其影响从大到小依次为 D、L、I、H、F、C、A、K、E、J。

表 4-21 年度售价极差和方差分析

项目	因子	极小值	水平	极大值	水平	极差 R	调整 R′
极差分析	A	18.2742	2	19.5229	3	1.2487	1.8366
	C	17.8461	3	19.5144	4	1.6683	1.8390
	D	17.6328	4	19.9017	1	2.2689	2.5009
	E	18.1711	4	19.4517	1	1.2806	1.4115
	F	17.8167	1	19.4194	4	1.6028	1.7667
	H	17.8250	2	19.7861	1	1.9611	2.1617
	I	17.6889	2	19.4894	4	1.8006	1.9847
	J	18.2639	1	19.4794	2	1.2156	1.3399
	K	18.6989	1	19.3183	2	0.6194	1.5235
	L	18.4906	2	19.5267	1	1.0361	2.5483

项目	变异来源	平方和	自由度	均方	F 值	p 值
方差分析	A	20.4571	2	10.2286	1.1611	0.3218
	C	32.8610	3	10.9537	1.2434	0.3044
	D	55.3514	3	18.4505	2.0944	0.1133
	E	18.1752	3	6.0584	0.6877	0.5640
	F	34.1033	3	11.3678	1.2904	0.2884
	H	38.3334	3	12.7778	1.4505	0.2399
	I	41.8846	3	13.9615	1.5848	0.2053
	J	15.2109	3	5.0703	0.5756	0.6339
	K	6.9068	1	6.9068	0.7840	0.3803
	L	19.3235	1	19.3235	2.1935	0.1451
	误差	422.8530	48	8.8094		
	总和	701.7007				

4.2.4 小结

①本轮实验显示，林龄 6 年开始覆盖生产的林分，无论是对始笋期、笋期长、年度产量、3 年累计产量还是对年度产值、3 年累计产值的影响均表现出较好的效果。

②调整竹林结构，保留合理的立竹度、立竹年龄结构是确保雷竹

林丰产的必要措施。本研究显示，在江西红壤区特定的气候和立地条件下，林分立竹度 1300~1600 株/亩的雷竹林笋期长、竹笋产量及产值最高，虽然发笋较慢，但更利于提高林分经营效益。

③开始覆盖时间（因素 D）对所有考察指标的综合影响最大，其产量、产值和单价都以连续 5d 最高气温低于 20℃时开始覆盖最高。

④覆盖物去除时间对林分生产有一定的影响。覆盖物清除时间对当年的竹笋产量影响不明显，但影响留笋养竹，进而影响林分结构。为此，本试验安排于惊蛰前清除覆盖物，符合雷竹生理和生长特性，为雷竹春笋生长和留笋养竹提供了有效的时间和空间，在确保林分结构稳定的同时有效提高林分生产能力。

⑤各覆盖材料对各考察指标的影响差异较大。

其中，E4 材料配方最早出笋，这是因为 E4 配方中，鸡粪的分量较大，发热较快，地温上升较快，进而催动竹林提早发笋。虽然 E1 配方中也有相同分量的鸡粪，但是，加入了 350kg 的油茶果壳，该成分发酵时，吸收了较多的热烈，导致林地温度上升较 E4 慢。

对于笋期长，E3 处理表现较好，但除了 E4 外，其余 3 水平差异性不大。可见，E4 处理虽然发笋快，但笋期结束也快，适合集中、短期供笋生产采用。

对于林分竹笋产量和产值的影响，均 E1 配方表现最好，年度产量及产值、3 年累计产量及产值均最高。由此可认为，该配方能促进林分发笋，同时能有效补充林地养分，有效维持雷竹林地力，确保雷竹林分生产的养分需求和持续生产能力。

⑥覆盖厚度对观测指标的影响较大，方差分析显示，该指标的 P 值均处于较高的水平，且对笋期长的影响达到了极显著水平。

⑦覆盖前施入适量的尿素，能有效促进林分发笋，提高林分竹笋产量。

竹腔施肥则配制了不同的肥料配方，采用不同的施肥频次进行试验，结果显示，配方 2 能有效延迟林分出笋、延迟发笋期，并有效提高林分产量和产值，是较为理想的配方。8 月进行竹腔施肥，林分能较快发笋，林分产量和产值均较高。而在覆盖前进行一次竹腔施肥，笋期可适当延长。

⑧林地土壤湿度对竹笋的生产有较大影响,湿度为 55%~60% 时,始笋期较快、笋期较长,竹笋产量和产值也较高。

⑨各实验处理连续覆盖 3 年,林分结构稳定,林分产量、产值均保持在较高水平。因此,初步认为,在保证合理施肥、灌溉、覆盖和留笋养竹的情况下,保持林分合理立竹度和水分、养分供应,能实现雷竹林分持续生产。

4.3 高效培育技术

4.3.1 合理立竹结构

与浙江雷竹产区 800~1000 株/亩的立竹密度不同,江西红壤区水热条件优越,非常适合雷竹生长,若立竹度过低,则导致立竹生长旺盛,立竹秆径飙涨至 8cm,新笋笋径也随之较大,与市场广受欢迎的 4~5cm 笋径相去甚远,不利于竹笋销售,因此,必须合理控制密度,以达到控制笋径的目的。

立竹年龄结构推荐 1~3 年生立竹各占 30%、4 年生立竹占 10% 用于林间填空,为达到稳定的林分结构,需进行合理的清理和留笋养竹。5 年以上立竹全部伐去。

4.3.2 合理留笋养竹

林内立竹推荐间距 60~80cm,留养母竹时,可参考此距离,在林内合理留养母竹,尽量将立竹留养成株行距 60~80cm 状态,并且 1~4 年生立竹在林内均匀分布(图 4-19)。

4.3.2.1 未覆盖林分

未覆盖林分,在出笋盛期即 3 月中旬开始留养,选择生长健壮、无病虫害的笋,在合理位置进行留养,留养数量为 450~550 株/亩,可适当多留,以保证成竹数量达 400~450 株/亩,6 月底对多余的新竹进行清理。

4.3.2.2 覆盖林分

采取早出覆盖技术后,雷竹可提早出笋期 3~5 个月。出笋高峰期

图4-19 林分立竹布局

也顺延提前，到了2月，此时气温仍较低，不宜留养母竹。因此，在3月初，估计竹笋已采挖大半时，就可以减少覆盖物厚度，逐步搬去覆盖物，以降低覆盖土壤的温度，延迟竹笋出土，以便于母竹的留养。除去覆盖物后，可保留部分笋芽，在气温回升时，进行母竹留养，留养的竹笋应采取保护措施，如套袋等，防止倒春寒冻伤竹笋。留养数量也是450~550株/亩，以保证成竹数量达400~450株/亩，6月底对多余的新竹进行清理。

4.3.3 老竹更新

每年6月，新竹长成之时，便可对林分进行清理，除了清除多余的新竹，还需伐去5年生立竹和部分4年生立竹，以保证合理的立竹数量及年龄结构。

立竹清理时，采用开山锄，立竹连竹蔸一起挖去。如果采用砍伐的方式，竹蔸留在林内，不易腐烂，占用林地，使得林地可利用率降低，影响竹鞭生长和竹笋出土。

4.3.4　竹林施肥

4.3.4.1　常见肥料及分类

①按肥料组分的主要性质可分为：有机肥料、无机肥料。

②按肥料来源可分为：农家肥、商品肥。

③按所含营养元素成分，可分为：氮肥、磷肥、钾肥、镁肥、硼肥、锌肥等。

④按营养成分种类多少可分为：单质肥料、复合肥料或复混肥料。

⑤按肥料状态分，则有固体肥料（包括粒状和粉状肥料）与液体肥料。

⑥按肥料中养分的有效性或供应速率，可划分为：速效肥料、缓效肥料、控释肥料。

⑦按积攒方法分，则有堆肥、沤肥和沼气肥等。

4.3.4.2　施肥存在的主要问题

近年来，随着化肥用量迅速增加，单位化肥所增加的作物产量与以前相比有下降的趋势，出现了肥料负增长现象与肥料的不合理使用有着直接的关系。

①由于单一、过量的施用化肥，使土壤板结酸化，这也是造成现在土壤越种越硬的主要原因。氮磷肥施用过多也会降低钙、硼、锌等养分的有效性，使作物产生缺素症及生理障碍，容易发生病虫害。

②忽视中、微量元素的投入，只注重大量元素的补充，从土壤中掠夺去的中、微量元素越来越多，中、微量元素成了增产的限制因素。中、微量元素的缺乏也会使作物生长不良，发生病害。

③化肥利用率过低。大多数施肥时仍采用人工撒施的办法，虽然省工省力，但仍易造成化肥的挥发和淋失。施用的肥料只有小部分被作物吸收利用，而其余的大部分养分被土壤固定，被挥发、淋溶流失了，这样不仅造成了肥料巨大的浪费，同时也对环境造成了污染。

④施肥时，往往不按作物类型和需肥规律进行施肥，而是靠经验施肥，易造成肥料"不足"或"过剩"。随着产量的提高和土壤中营养元素的失调，盲目施肥的弊端越来越明显。

4.3.4.3 施肥基本原理

最小养分律是施肥原理之一，它的主要内容是：作物的产量取决于土壤中相对作物需要含量最少的那个有效养分；只有针对性地补充最小养分才能获得高产；最小养分随作物产量和施肥水平等条件的改变而变化。

最小养分律可用装水木桶来形象地解释（图4-20）。以木板表示竹林生长所需要的多种养分，木板的长短表示某种养分的相对供应量，最大盛水量表示竹林产量，最大盛水量决定于最短木板的高度。要增加盛水量，必须首先增加最短木板的高度。这一原理说明，要提高竹林产量，必须找到影响产量的最小养分，才能有针对性地采取施肥措施。

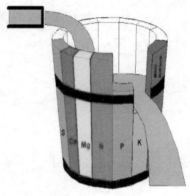

图4-20 木桶理论

4.3.4.4 施肥的关键

竹林合理施肥对提高竹林产量和提高土壤肥力起着重要作用，要做到科学合理施肥，必须把握好施肥时间、施肥部位、施肥用量、施用方法四个关键环节。

4.3.4.5 竹林主要施肥方法

①竹腔施肥：

施肥对象：幼竹、成年竹均可。

施肥次数与时间：a. 幼竹竹腔施肥。于幼竹高生长停止后至幼枝展叶前进行。b. 成年竹竹腔施肥。成年竹每年可进行1~2次竹腔施肥。第1次施肥可在竹林行鞭期笋芽分化前进行，第2次施肥于春笋出土前进行。

施肥器械（图4-21）：a. 钻孔器。￠2mm左右钻头或锥、充电式电动钻孔机。b. 注射器。20~30mL金属兽用注射器或2~5mL兽用连续注射器，配12~16号注射针头。c. 盛肥器。3~5L背负式带连接导管的塑料壶。

施肥部位：竹秆基部。对同一株立竹进行重复施肥的，可利用第一次竹腔施肥的钻孔进行施肥（图4-22、图4-23）。

图4-21　竹腔施肥器械

图4-22　竹腔施肥　　　　　图4-23　土壤撒施复合肥

施肥量：a. 单株立竹施肥量。每株施肥料稀释液2.5mL。b. 林分施肥立竹总量。林分竹腔施肥的立竹株数一般控制在林分立竹总株数的50%~60%为宜，原则上应先对所有新竹实施施肥，株数不足部分依次以2年竹、3年竹等进行补充。

施肥方法：用锥、钻或电钻在竹子施肥部位钻孔后迅速用注射器注入液体肥料，然后用固体石蜡封口。

②土壤撒施复合肥：将肥料均匀撒入林地，结合竹林垦复翻入土壤中（图4-23）。

③土壤施有机肥：结合垦复施肥。在垦复前，将有机肥平铺在林地内，结合竹林垦复翻入土壤中。

4.3.5　雷竹施肥措施

4.3.5.1　施肥原则

雷竹是优良的笋用竹种,雷竹笋已成为人们日常餐桌上的美味佳肴,备受青睐。因此雷竹林施肥应注意以有机肥为主,氮、磷、钾配合;人畜禽粪等有机肥在施前必须经高温发酵无害化处理;禁止使用含有毒、有害物质的生活垃圾。

4.3.5.2　主要措施

（1）移栽母竹造林施肥

在移栽母竹造林时可适当施肥。每穴可施充分腐熟的有机肥 1~1.5kg。栽竹时将腐熟有机肥在穴底摊平,覆盖 5~10cm 的表土,再种植母竹。

（2）幼林施肥

幼林应做到薄肥勤施,结合松土全年进行 3 次施肥,分别为 2 月、6 月和 9 月,当年每株母竹可施化肥 50~150g,视土壤湿度均匀撒施或冲水浇施。也可进行竹腔施肥,每株母竹施毛竹增产剂稀释液 2~2.5mL。

（3）成林施肥

11~12 月施孕笋肥,以有机肥为主,铺施,每亩约施厩肥 1500~2000kg。

2~3 月施长笋肥,以速效肥为主,穴施,出笋期随挖随施,每挖一株笋,在挖笋穴施入尿素 10g 左右。

5~6 月施行鞭肥,以速效肥为主,翻施,施复合肥或微生物复合菌肥,每亩 40~50kg。

8~9 月施催芽肥,宜用低浓度液体肥或固体化肥加水泼施,可用人粪尿 1t 左右冲水 2~4 倍进行浇施,也可进行竹腔施肥,每竹施稀释液肥 1.5~2mL。

（4）覆盖林施肥

覆盖前每亩撒施尿素 20~25kg,结合浇水。

（5）开花竹林更新施肥

对于开花竹林更新复壮，宜深施化肥，多施氮肥，少施磷肥。氮肥促进竹林的营养生长，而磷肥对竹林开花有促进作用。氮、磷、钾的比例可采用（3~5）∶1∶2。

4.3.6 水分调节

水分是光合作用的原料，也是竹笋最主要的组成成分。在江西红壤区所产鲜笋中水分含量占90%以上，因此，要实现竹林高产，必须满足林分对水分的需求。水分是竹林生长增加竹笋产量、提早出笋及覆盖物的发酵增温不可缺少的因子，在3~5月竹笋生长期、5~6月竹鞭生长季节、8~9月笋芽分化季节以及11~12月覆盖前，如天气久晴不雨，降水不足，土壤干燥，竹林干旱，应及时补充水分，进行浇水（图4-24）。

图4-24 林分灌溉现场

在江西，一般注意3个季节：

其一为4~6月：竹笋生长及行鞭期，此期间江西雨水较多，一般不用灌溉。

其二为8~9月：笋芽分化期，此期间若遇干旱，应及时灌溉，保持土壤湿度。浇水数量应根据降水的多少及土壤干旱的程度来确定，一般第1次浇透为好，之后控制土壤湿度不低于60%。

其三为冬季 11~12 月：覆盖前则必须进行浇水，而且要浇足、浇透，浇水数量为 20~25t/亩，浇水后再进行覆盖。否则，易导致林地虽然温度高但竹笋产量少、甚至不发笋的情况。

如果久雨不晴，降水过多，土壤积水，则应开沟做畦，宽垄高床，中间高两边低，降低地下水位。开沟的深浅、数量应根据土壤的性质和地形来确定。如红壤区，土壤黏重、地下水位高的平地，宜多开深沟。土壤沙性或在坡地的竹林可少开沟或不开沟。总沟宜宽而深些，支沟略浅以便于排水。

4.3.7 覆盖生产冬笋

雷竹林生长周期一般是 2~4 月为发笋及新竹生长期、5~6 月为行鞭期、8~9 月为笋芽分化期、10~11 月为笋芽膨大期。冬季 12 月至翌年 2 月是一年中气温最低的季节，最低气温常在 0℃ 左右，而雷竹出笋的起点温度为在 9~10℃，此时雷竹笋芽生长十分缓慢。为此，生长良好的雷竹林分，通过林地覆盖增温，满足雷竹生长温度的需求，就可以促进雷竹提早出笋（图 4-25）。

图 4-25 林地覆盖效果

4.3.7.1 覆盖时间

6 年生林分，即造林第 6 年或造林后经历 5 个发笋期的林分，竹林结构调整至立竹度 1300~1600 株/亩，1~4 年生立竹数量比为 3∶3∶3∶1，立竹分布均匀，林分生长健壮，便可以考虑覆盖。

覆盖时间：一要根据市场价格与需求，使竹林产生最好的经济效益；二要考虑母竹的留养，以利可持续经营；三要根据竹笋的生长规律与外界气候条件。一般推荐立冬和小雪期间，在11月底12月初，气温连续5d低于20℃、不会出现20℃以上的温度时开始覆盖。

4.3.7.2 覆盖材料及用量

稻草2t/亩、砻糠14t/亩、菜饼350kg/亩、麦麸250kg/亩、鸡粪350kg/亩和油茶果壳350kg/亩。

4.3.7.3 覆盖方法

覆盖前在林地内均匀撒施尿素50kg/亩。施肥后，对林地进行浇水直至浇透，浇水量20~25t/亩。

林地覆盖采用3层覆盖法，下层为发热层、中间为酿热添加层、上层为保温层，覆盖物厚度合计为30cm左右。

覆盖时，用稻草作为发热层。稻草顺着坡向从上往下均匀平铺，不漏空地，厚度约15cm、用量约2t/亩；中间用菜饼350kg、麦麸250kg、鸡粪350kg和油茶果壳350kg混合物作为酿热添加层；上层采用砻糠铺平作为保温层，厚度约15cm、用量约14t/亩。同一地块覆盖操作在5d内完成。

4.3.7.4 地温监测

覆盖期间，每日监测地温（Tg）：用探干插入式数显温度计插入林地约30cm处进行测量并记录（图4-26）。测量时间为10：00，于林地覆盖前、覆盖完成当日测量，覆盖完成后第2d开始连续测量10d，Tg连续5d升幅低于

图4-26 覆盖林地地温监测

1℃后每 3d 测量 1 次。林地温度保持 23℃左右，当高于 25℃时要密切监测，高于 28℃时要及时扒开覆盖物降温。

4.3.7.5　土壤湿度

覆盖期间，每 3d 测量一次土壤湿度：用数显式土壤湿度探测器插入林地土壤 15cm 处，湿度低于 60%时要及时补水、高于 75%时要及时开沟排水。

4.3.7.6　竹笋采挖

覆盖后第 3d 开始观察林分出笋情况，自第一次采挖到竹笋后，每天采挖并登记产量，直到笋期结束，同时对始笋期、终笋期进行记录（图 4-27）。

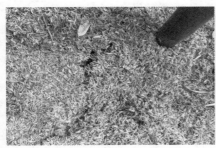

图 4-27　覆盖林地出笋

采挖时，可在砻糠上行走，脚底感觉有硬物顶起，或发现砻糠表面有裂缝与顶起现象，下面可能就有竹笋了。冬季外界气温很低，覆盖物较厚，发现竹笋在覆盖物中，就可以进行采挖，待竹笋露出覆盖层再挖，竹笋就会偏长。根据近年来雷竹鲜笋市场销售质量要求，雷竹笋长度控制在 25~30cm 较好。

雷竹笋采挖可用锄头，也可用江浙一带所称的"笋枪""笋锹（彩图第 6 页）"，拨开覆盖物，挖出竹笋，然后将土回盖原处，再将覆盖物盖好，继续保温增温。

4.3.7.7　覆盖物去除

惊蛰前 4d 开始清除，同一地块，5d 内完成清除工作。清除覆盖物是要做到清除干净，避免遗留过多覆盖物在林内，影响竹鞭生长。

4.3.7.8　施肥与垦复

留笋养竹完成后，施有机肥 $20\sim40t/hm^2$，或均匀撒施 N：P：K 为 3：1：2~4：1：2 的配方复混肥 $300\sim450kg/hm^2$，施肥后垦翻入土 $25\sim30cm$。

第5章

红壤区雷竹笋用林病虫害防治技术

5.1 雷竹笋安全生产原则

危害雷竹的病虫害主要有竹蚜虫、竹介壳虫、竹笋夜蛾、竹笋象、金针虫、煤污病、丛枝病、枯梢病、竹秆锈病等。培养无公害雷竹笋要始终贯彻综合治理原则，即：树立竹林（笋）、病虫、草等是整体生态系统的观点，贯彻"预防为主，综合防治"的防治方针，通过加强培育、合理经营、改善竹林生态环境，优化竹林生态系统，充分发挥竹林的自然调控作用，增强竹林对有害生物的抵抗能力。以营林技术为基础，优先采用物理防治和生物防治，必要时使用化学防治，将有害生物对雷竹笋的危害降到最低，同时保证雷竹笋的农药残留不超标，生产安全、无公害的雷竹笋。

5.2 营林技术防治

通过各项营林技术措施，达到抑制或减轻竹林有害生物的危害。

①维护生态环境。管护好竹林周边森林环境，丰富森林生物群落的物种资源，构成复杂的食物网链，稳定和促进生态系统的平衡。

②雷竹林的管理。对雷竹林采取冬季垦复、夏季深翻、除草等措

施，破坏有害生物的越冬、越夏场所，降低有害生物种群数。优化竹林结构，科学施肥、灌溉，促进竹林（笋）生长，提高竹林对有害生物的抵抗和忍受能力。

③竹林清理。及时清除病、虫危害的雷笋（枝、叶、秆）和老弱残次竹，清除林内病虫源和传播源，改善竹林环境。

5.3　物理防治

利用物理及机械方法消除或减轻竹林有害生物的危害：

①利用害虫趋光性进行诱杀。竹林内用黑光灯、高压汞灯、频振式诱杀灯等诱杀螟蛾科害虫等。

②利用害虫的趋化性进行诱杀。在竹林内，用糖醋液、性信息素、卤水、腥味或在麦麸皮、饼肥等食物中掺入适当毒剂诱杀害虫。

③利用害虫的潜伏习性，人为设置害虫潜伏条件引诱害虫来潜伏或越冬，杀灭害虫。

④利用害虫上树、上竹的习性，设置阻隔带、油环或毒环捕杀害虫。

5.4　生物防治

利用天敌防治害虫和病害。

①以虫治虫。保护和利用螳螂、瓢虫、草蛉、蚂蚁、食蚜蝇、猎蝽、蜘蛛等捕食性天敌，利用寄生蜂、寄生蝇等寄生害虫的卵、幼虫、蛹，达到治虫和降低害虫危害的目的。可采用人工繁殖释放天敌、助迁、引进天敌及填充寄生食物等方法。

②微生物治虫与防病。利用某些微生物对害虫的致病或对病原菌的抑制作用防治病虫害：一是利用细菌，普遍应用苏云金杆菌（BT）等菌剂防治害虫；二是利用真菌，应用白僵菌、绿僵菌、蚜霉菌等防治害虫；三是利用多角体病毒（NPV）、颗粒体病毒（GV）、质型多角体病毒（CPV）等防治害虫；四是利用藜碱醇溶液、苦参素、苦楝素、鱼藤根、除虫菊素、双素碱等植物源农药防治害虫；五是利用农用抗生素（阿维菌素、井冈霉素、春雷霉素、多抗霉素、农抗120、

华光霉素、农用链霉素等）、抗菌剂（401、402）等生物农药防治病害。

③保护和招引食虫鸟。鸟类能捕食竹林中竹螟、舟蛾等害虫的成虫、幼虫。在竹林中严格禁止捕杀益鸟，有条件的地方可进行人工招引。

5.5　化学防治

利用化学农药防治病虫害应注意的事项：

①合理选用农药。根据竹林有害生物发生的实际情况对症用药，因防治对象、农药性能以及抗药性能程序不同，选用最合适的农药品种；根据防治指标适时防治，尽量减少农药使用次数和用药量，以减少对竹林和环境的污染。

②优先使用植物源、微生物源农药和昆虫生长调节剂，限量合理使用矿物源农药（硫、铜制剂）。

③有限度地使用部分高效低毒的化学农药，其选用品种、使用次数、使用方法和安全间隔期，应按 GB/T 8321.10-2018 农药合理使用准则（十）的要求执行。

④无公害雷笋日常使用农药参见表 5-1。防治地下害虫，施放农药，应在采笋期结束后进行。防治叶、枝、秆病虫，应在采笋前 1 个月或笋期结束后进行。

表 5-1　无公害雷笋农药安全使用标准

农药名称	防治对象	使用浓度
40%乐果	竹蚜虫等	800~1000 倍液
80%敌敌畏	竹蚜虫、竹小蜂成虫	800~1500 倍液
90%敌百虫晶体	3 龄前小地老虎	1000 倍液
20%氰戊菊酯（速灭杀丁）	跳甲、竹蚜虫、竹线盾蚧、若虫	1000~2000 倍液
2.5%功夫乳油	竹线盾蚧	1000~2000 倍液
2.5%溴氰菊酯（敌杀死）	竹蚜虫、竹小蜂成虫	2000~3000 倍液
52.25%农地乐	地下害虫、金针虫、地老虎	200~1000 倍液
特效菊巴马乳油	竹线盾蚧、竹蚜虫	1000~2000 倍液
5%锐劲特	竹螟	1000~1500 倍液

（续）

农药名称	防治对象	使用浓度
1%杀虫素	红蜘蛛	3000 倍液
敌马烟剂	竹蚜虫、竹小蜂成虫	1kg/亩
10%吡虫啉	竹蚜虫	2500~3000 倍液
50%多菌灵	竹丛枝病	800~1000 倍液
62.5%仙生	白粉病	400~600 倍液
48%氟乐灵（芽杀剂）	马唐、繁缕等 1 年生禾本科及阔叶杂草	500~600 倍液
12.5%盖草能	马唐、看麦娘等禾本科杂草、莎草科杂草	500~600 倍液
50%杀草丹	马唐、看麦娘等禾本科杂草、莎草科及部分 1 年生阔叶杂草	500~600 倍液
60%去草胺	马唐、看麦娘等禾本科杂草、莎草科及部分 1 年生阔叶杂草	1200 倍液
草甘膦（30%可溶性粉剂）	杂草	200~300 倍液
草甘膦（10%水分散粒剂）	杂草	30~60 倍液
草甘膦（41%水分散粒剂）	杂草	200~300 倍液

⑤在无公害雷笋生产过程中，全面禁止使用甲胺磷、呋喃丹、氧化乐果、甲基对硫磷、对硫磷、久效磷、甲拌磷等高毒高残留农药（表5-2）。

表 5-2　雷笋生产禁止使用的高毒高残留农药品种

农药种类	农药名称	禁用原因
无机砷杀虫剂	砷酸钙	高毒
有机砷杀菌剂	甲基砷酸锌（稻脚青）、甲基砷酸胺（田安）、福美甲砷、福美砷	高残留
有机锡杀菌剂	薯瘟锡（毒菌锡）、三苯基醋酸锡、三苯基氯化锡、氯化锡	高残留，慢性毒性
有机汞杀菌剂	氯化乙基汞（西力生）、醋酸苯汞（赛力散）	剧毒、高残留
有机杂环类	敌枯双	致畸

（续）

农药种类	农药名称	禁用原因
氟制剂	氟化钙、氟化钠、氟化酸钠、氟乙酰胺、氟铝酸钠	剧毒、高毒、易药害
有机氯杀虫剂	DDT、六六六、林丹、艾氏剂、狄氏剂、五氯酚钠、硫丹	高残留
有机氯杀螨剂	三氯杀螨醇	工业品含有一定数量的 DDT
卤代烷类熏蒸杀虫剂	二溴乙烷、二溴氯丙烷、溴甲烷	致癌、致畸
有机磷杀虫剂	甲拌磷、乙拌磷、久效磷、对硫磷、甲基对硫磷、甲胺磷、氧化乐果、治螟磷、杀扑磷、水胺硫磷、磷胺、内吸磷、甲基异磷	高毒高残留
氨基甲酸酯杀虫剂	克百威（呋喃丹）、丁（丙）硫克百威、涕灭威	高毒
二甲基甲脒类杀虫杀螨剂	杀虫脒	慢性毒性，致癌
取代苯杀虫菌剂	五氯硝基苯、稻瘟醇（五氯苯甲醇）、苯菌灵（苯苯特）	国外有致癌报道或二次药害
二苯醚类除草剂	除草醚、草枯醚	慢性毒性

5.6　主要病虫害及其防治技术

5.6.1　竹梢凸唇斑蚜 *Takecallis taiwanus*（Takahashi）

斑蚜科凸唇斑蚜属，是竹子蚜虫的主要种类，分布最为广泛，有红、绿两种形态。

形态特征：［有翅孤雌蚜］体长卵形，长 2.5mm，宽 0.92mm。大体两种色，以全绿色为多，少数头、胸为红褐色，腹部为绿褐色。触角 6 节，黑色。足灰黑色。腹管端 2/3、尾片、尾板及生殖板灰色。翅脉正常，脉粗黑，两端黑色扩大。［若蚜］体长卵形，长 2.5mm，宽 0.89～0.91mm，红、绿 2 种颜色。触角 6 节黑色。足灰黑色。体表无网纹，头部 4 对毛瘤，每瘤 1 根刚毛，前部 1 对最大。腹部第 1～5

节中部瘤各 1 对，第 1~2 节中瘤尤大，呈馒头状，腹部第 6~8 节中瘤甚小，第 1~7 节每节体侧有明显的缘瘤，中瘤、缘瘤上都有 1 个尖刚毛。唇基前部有 1 指状凸起，1 对长刚毛（图 5-1）。

（a）　　　　　　　　　　　　　　　　（b）

图 5-1　竹梢凸唇斑蚜

（a）幼虫　　（b）成虫

危害情况： 以有翅、无翅蚜群集在嫩竹叶、笋尖刺吸汁液。成年竹受害新芽难发，并常诱发煤污病；幼竹受害嫩枝枯萎；笋期受害常造成退笋（图 5-2）。

（a）　　　　　　　　　　　　　　　　（b）

图 5-2　竹梢凸唇斑蚜危害状

（a）危害竹笋状　　（b）危害竹枝状

发生规律： 1 年 50 余代，气温在 10℃以上，平均 5~8d 繁殖 1 代，10℃以下繁殖时间延长，在冬季一般 8~10d 繁殖 1 代，由有翅蚜营孤雌生殖。1 年 4 季繁殖小蚜，月月危害竹子，无越冬虫态和越冬阶段。若蚜、有翅蚜活动力强，爬行速度快，常成堆地聚集在嫩叶、笋尖和带笋壳但还未伸展的嫩枝叶上刺吸危害，使嫩枝枯萎，笋不能成竹。天敌如瓢虫、食蚜蝇和蚜茧蜂较多，被蚜茧蜂寄生的蚜虫密集在叶尖处。

防治方法：①竹林密度小的竹园和取水方便的竹园可选用 5% 蚜虱净乳油以 1∶1000 或 1∶1500 倍液进行竹冠喷雾。②竹林密度大，取水又不便的竹园可选用敌马烟剂在无风早晨或阴雨天人工流动放烟防治，每亩 500g 烟剂。③保护天敌。

5.6.2 竹后粗腿蚜 *Metamacropodaphis* sp.

同翅目斑蚜科后粗腿蚜属，是一个新种。

形态特征：[有翅孤雌蚜] 体淡黄色，长卵形，体长 1.2~1.4mm，宽 0.56~0.61mm。腹眼发达，紫红色。翅面白色，翅长超腹末。前胸、中胸背部及头背部有瘤状突起，其中中胸背部瘤状突分为前后 2 排，前排 1 个位于中间，后排 4 个，左右各 2 个，大而明显。后足股节较发达。3 对足携带白色蜡粉较多。[性蚜] 体淡黄色，触角 6 节，单眼 3 只，分有翅和无翅型两种。有翅型为雄性，无翅型为雌性。雄性蚜翅长超过腹末，前翅接近体长 2 倍，后翅接近前翅长 1/3，翅脉简单，头褐色，前胸背板褐色，中胸背板、侧板、腹末端腹面褐色，其中中胸背板形成的褐色瘤状突分左右两个隆起而明显，1 对复眼紫褐色。雌性蚜，体圆筒形，腹背有光泽成半透明，1 对复眼为紫红色。[卵] 长圆筒形，长 0.44~0.73mm，宽 0.19~0.24mm，初产为嫩黄色，10 余天后渐变灰棕色，不久变黑色。见图 5-3。

危害情况：危害雷竹、高节竹等笋用竹，在临安竹笋产区发生较为普遍。以若蚜和有翅蚜群聚在竹叶背面刺吸汁液，对笋用竹的生长、发育及产量有较大影响。

发生规律：1 年 20 余代。以卵于 11 月中旬在竹叶背面，翌年 3 月上旬开始孵化出若蚜，孵化盛期在 3 月中下旬。10d 左右繁殖 1 代，由有翅蚜进行孤雌生殖。11 月上旬若蚜分化为雌雄性蚜，雄性蚜能与多只雌性蚜交尾，无翅雌性蚜需经交尾后才能产卵，产卵后，雌雄蚜

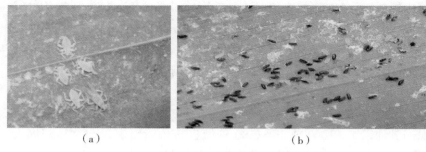

图 5-3　竹后粗腿蚜

（a）幼虫　　（b）成虫

相继死亡。

竹后粗腿蚜竹林边缘比竹林内分布多，低密度竹园比高密度竹园分布多，高节竹上比雷竹上分布多。春季严重"倒春寒"对孵化后的若虫及有翅蚜杀伤力很大。

防治方法：①竹林密度小的竹园和取水方便的竹园可选用 5%蚜虫净乳油或 2.5%功夫乳油，分别以 1：1000 或 1：1500 倍液进行竹冠喷雾。②竹林密度大和取水不便竹园可选用敌马烟剂在无风早晨或阴雨天人工流动放烟防治，每亩 500g 烟剂。③保护天敌。

5.6.3　竹织叶野螟 *Algedonia coclesalis* Walker

鳞翅目螟蛾科野螟亚科织叶野螟属，是竹螟的主要种类。见图 5-4。

图 5-4　竹后粗腿蚜及危害状

（a）幼虫　　（b）成虫　　（c）危害状

形态特征：［成虫］体长 9~13mm，展翅 22~30mm。体黄或黄褐色，腹面银白色。触角黄色。前翅黄至深黄色，后翅色浅，前、后翅外缘均有褐色宽边。前翅外横线下半端内倾与中横线相接，后翅仅有中横线。足纤细，银白色，外侧黄色。雌虫后足胫节内距1长1短，雄虫1根明显，另1根仅痕迹。[卵] 扁椭圆形，初产时淡黄色，有光泽，近孵化时黑色，卵排列如鱼鳞状。[幼虫] 初孵幼虫11~12mm，老熟幼虫体长16~25mm，前胸背板有6个黑斑；中后胸背板有2个褐斑，被背线分割为4块，腹部每节背面有2个褐斑，气门斜上方有一个褐斑。[蛹] 体长12~14mm，黄赭色，臀棘8根，中间2根略长。[茧] 土茧椭圆形，长13~16mm，外黏土粒或小石子，内壁光滑，灰白色。

危害情况：危害雷竹、毛竹、红竹、刚竹、石竹、哺鸡竹、高节竹、早竹等竹种。以幼虫吐丝缀叶卷苞，在苞内取食当年新竹叶，严重危害时，竹上虫苞累累，竹叶被食尽，一片枯黄。

发生规律：1年1~4代，世代重叠明显，均以老熟幼虫结土茧于土中越冬，翌年4月底化蛹，5月中下旬至6月中旬羽化，羽化后的成虫在附近板栗等植物上吸蜜源进行营养补充，然后产卵。第1代幼虫于7月上中旬老熟，多数吐丝下垂，入土结茧。第2代幼虫于8月下旬至9月初入土结茧。9月上旬产生第3代。9月下旬至10月上旬形成第4代，11月上旬第4代老熟幼虫落地结土茧过冬。4代中以第1代危害最重。成虫都有强趋光性。

防治方法：①大年竹山应在秋冬挖山深翻，破坏土茧越冬环境。②成虫期用灯光诱杀。③幼虫期用30%乙酰甲胺磷乳油竹腔注射，浓度1:2~1:5，每株1~2mL。④幼虫入土期喷洒白僵菌。

5.6.4 竹拟皮舟蛾 *Besaia anaemica*（Leech）

鳞翅目舟蛾科篦舟蛾属。

形态特征：[成虫] 雄虫体长28.5~31.4mm，翅展53.5~60.5mm，雌虫体长23.5~28.8mm，翅展64~70mm。雄虫触角短栉齿状，灰褐色，雌虫触角丝状，黄白色；雄虫前翅灰枯黄色或灰黄色，缘毛与外缘间有1列黑点或不清。雌雄成虫前翅在中室处都有与外缘平向的小黑点2列，外1列有10余个，内1列有8~9个，雌虫黑点较雄虫大，且清晰。雄虫瘦长，双翅折叠时腹末长出翅外。[卵] 圆球形，长径约 1.74mm，短径约 1.52mm，乳白色，卵壳平滑，有光泽，无斑纹。
[幼虫] 老熟幼虫体长 58~70mm，翠绿兼淡黄色，头翘起似"龙舟"。
头柠檬黄色，头壳形似 1 顶"帽盖"，顶面有 3 条青绿色带，中间 1 条
细与背线相连，左右 2 条宽；头两侧还有两条红黑鲜艳分明的宽带，
红色带在上，比黑色带宽而略短；气门线为黄色，亚背线到气门线间
有 2 条纵线均为青绿色，靠近气门线为粗；胸足为红色，腹足为绿色，
末节及趾钩为红色。[茧] 长 35~40mm，以丝黏细土及土粒建成。
[蛹] 体长 25~31mm，纺锤形，臀棘呈弧形截状，扁平，有极短齿状
突，初化蛹翠绿色，后从背部开始渐变红色到暗红色，最后全变为深
黑色。见图 5-5。

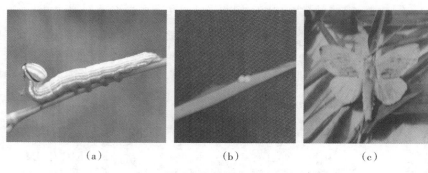

（a）　　　　　　　　（b）　　　　　　　　（c）

图 5-5　竹拟皮舟蛾

（a）幼虫　（b）卵　（c）成虫

危害情况： 主要危害毛竹。为突发性的大害虫，来势猛，危害重，
能将几十亩的竹林连片吃光。

发生规律： 1 年 4 代，以蛹于 11 月中下旬在土茧中过冬，翌年 5
月上旬羽化成虫，有较强的趋光性，白天停伏在叶上和杂草灌木上，
晚上活动。雌成虫交尾后当日即可产卵，卵常以 2~5 粒成条状分布。
初龄幼虫有吐丝下垂习性，大龄幼虫受震动即可坠地，几分钟后又能
重新上竹危害，老龄幼虫沿竹秆爬至土中做茧化蛹。各代幼虫危害期
为 5 月中旬至 7 月上中旬、7 月下旬至 9 月中旬、8 月下旬至 10 月中
旬、10 月上旬至 11 月上旬。各代成虫出现期为 5 月上旬、7 月中
旬、8 月中旬、9 月下旬。

防治方法：①高虫口时幼虫期用敌马烟剂熏杀，每亩 1~2kg，在阴雨天或清晨无风时放烟，使烟雾连成一片，效果显著。②成虫期用灯光诱杀。

5.6.5 竹笋禾夜蛾 *Oligia vulgaris*（Butler）

鳞翅目夜蛾科禾夜蛾属，又名笋蛀虫、笋夜蛾、竹笋夜蛾。

形态特征：［成虫］雌成虫体长 17~21mm，翅展 36~44mm，雄虫体长 14~19mm，翅展 32~40mm。体灰褐色，雌虫色较浅；触角丝状，灰黄色；复眼黑褐色；翅褐色，缘毛锯齿状，端线黑色，内有 1 列约有 7~8 个小黑点，肾状纹淡黄色，其外缘有 1 条白纹，与前缘、亚端线在翅顶处组成 1 个倒三角形深褐色斑，翅基深褐色，后翅灰褐色；足深灰色，跗节各节末端有 1 个淡黄色环。［卵］近圆球形，长径 0.72~0.88mm，短径 0.65~0.81mm，乳白色。［幼虫］初孵幼虫体长约 1.6mm，淡紫色，老熟幼虫体长 36~50mm，头橙红色，体紫褐色，背线很细，白色，亚背线较粗，白色。从前胸到尾部很整齐，无凹陷，唯在第 2 腹节前半段断缺，第 9 腹节背面臀板前方有 6 个小黑斑，在背线两侧呈三角形排列，近背线的 2 个斑较大。［蛹］体长 14~24mm，初化蛹翠绿色，后为红褐色，臀棘 4 根，中间两根粗长。见图 5-6。

（a）　　　　　　　　　　　（b）

图 5-6　竹笋禾夜蛾

（a）幼虫　　（b）成虫

危害情况：主要危害雷竹、高节竹等竹种。以幼虫蛀入笋中取食，致笋成退笋。

发生规律：1 年 1 代，以卵越冬。浙江 3 月中下旬卵开始孵化，初孵幼虫取食禾本科、莎草科杂草心叶。4 月竹笋出土蛀入笋中危害，其蛀入期为 4 月上旬至 5 月下旬。6 月上中旬至 7 月上旬成虫羽化，羽化后成虫有较强趋光性，卵多产于禾本科和莎草科杂草叶上，也产于竹基部笋箨上，1.5m 以下的竹枝托叶上，以及林地表土上。

（a）　　　　　　　　　　　　　　　　（b）

图 5-7　竹笋禾夜危害状

（a）幼虫危害状　　（b）受害的竹林

防治方法：①林地抚育管理。在 7~8 月结合林地削草、松土、施肥等，消灭杂草中越冬卵；4~5 月及时清理林间虫笋，退笋，可减少翌年幼虫的虫口密度。这是控制发生最为有效的 2 种方法。②4 月初笋未出土前，用 30%克无踪除草剂与 20%氰菊酯乳油 1500 倍液混合喷雾林地，消灭竹林中的禾本科、莎草科的杂草，同时也兼杀林间初孵竹笋夜蛾的幼虫。③在 6 月底用频振式杀虫灯诱杀成虫。

5.6.6　淡竹笋夜蛾 *Apamea kumaso* Sugi

鳞翅目夜蛾科秀夜蛾属。

形态特征：[成虫] 雌虫体长 17.5~20.5mm，翅展 40~45mm；雄虫体长 15.5~18.5mm，翅展 38~41mm。体黄褐色，触角丝状，复眼黑褐色。前毛簇、基毛簇及翅基片的毛长而厚。前翅浅褐色，缘毛波状，端线内为 1 列三角形黑色小斑，剑状纹深褐色；肾状纹，内边为深褐色，外边为灰白色，环状纹椭圆形横置，有 1 个明显的黑边；楔状纹明显置于环状纹下。后翅无斑纹，暗灰色。足灰褐色，附足有淡棕色环。［卵］扁椭圆形，长径 0.91～0.97mm，短径 0.49～0.52mm，初产乳白色，后变为淡黄色，孵化前为淡褐色。［幼虫］初孵幼虫体长 34～48mm，体淡灰紫色，头橘黄色，体光滑，有隐隐浅色背线，无其他斑纹，前胸背板、臀板黄褐色，气门黑色，趾钩单序排列。［蛹］体长 18～21mm，红褐色，臀棘 4 根，中间两根略长。见图 5-8。

（a）　　　　　　　　　　　　（b）

图 5-8　淡竹笋夜蛾

（a）幼虫　　（b）成虫

危害情况：主要危害雷竹、高节竹等竹种。以幼虫蛀入笋中取食，致笋成退笋。

发生规律：1 年 1 代，以卵在竹叶上或随竹叶落地越冬，3 月底至 4 月上旬卵孵化，幼虫取食期为 4 月上旬至 5 月下旬，成虫发生期为 6 月，6 月中下旬开始产卵越冬。

防治方法：参照竹笋禾夜蛾。

5.6.7　一字竹象虫 *Otidognathus davidis*（Fabricius）

鞘翅目象甲科鸟喙象属。

形态特征：［成虫］体棱形，雌虫体长 14.5～21.8mm，雄虫体长 12.4～19.6mm，雌虫细长光滑，雄虫粗短有刺状突起。头黑色，触角黑色，前胸背板有一字形黑斑，每鞘翅中各有 2 个黑斑，肩角及内缘外角黑色，后翅赤褐色。［卵］长椭圆形，长径 3.0～3.09mm，短径

1.0~1.07mm，白色不透明。孵化前，卵的一端半透明。［幼虫］初孵幼虫乳白色，体柔软透明，体长约 3.0mm，老熟幼虫 20.7~24.8mm，米黄色、头赤褐色、口器黑色，体多皱折，尾部有深黄色突起。［蛹］体长约 20.0mm，淡黄色，臀棘硬而突出。［土茧］茧长 23.5~27.0mm，泥质长椭圆形，外壁粗糙，内壁光滑。见图 5-9。

（a）　　　　　　　　　　　　　　　（b）

图 5-9　一字竹象虫

（a）成虫　　（b）危害竹笋状

危害情况：危害雷竹、毛竹、红壳竹、刚竹、哺鸡竹、篌竹、高节竹等竹种。成虫取食笋肉为补充营养，将笋啄成很多小孔。幼虫取食笋肉，开始在产卵穴中取食，后逐渐将卵穴扩大变成危害的孔洞，后期幼虫在竹笋小枝上取食，将竹笋小枝咬断。见图 5-10。

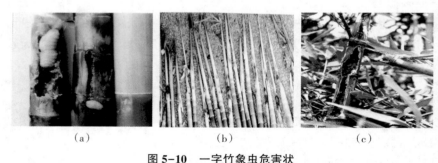

（a）　　　　　　　（b）　　　　　　　（c）

图 5-10　一字竹象虫危害状

（a）幼虫　　（b）危害后的竹笋　　（c）危害后的新竹竹秆

发生规律：1 年 1 代，在大小年分明的毛竹林为 2 年 1 代，以成虫在地下 8~15cm 深的土室中越冬。4 月下旬至 5 月中旬成虫陆续出土，交尾产卵。6月上中旬终见越冬成虫。成虫出土后，即可上笋取食笋肉补充营养，可多次交尾产卵。卵产于笋的中上部，经 3~5d 卵孵化。6月中下旬老熟幼虫咬破笋箨陆续坠地入土结茧化蛹，7月下旬羽化成虫进入越冬。成虫有假死性。

防治方法： ①加强竹林的抚育管理，秋冬两季对竹林进行劈山松土，直接破坏竹象虫土室，可降低越冬虫口。②人工捕杀，根据竹象虫有假死性，小面积发生时，在每天早上露水未干时进行人工捕捉杀死。③竹腔注射，即用30%乙酰甲胺磷乳油或50%杀螟松乳油，按新竹胸径大小，每株注射 1∶2~1∶5 浓度的 1~2mL 药液。④对养竹的笋和观赏竹笋，在幼虫孵化和成虫羽化初期可用80%敌敌畏乳油1000倍或8%绿色威雷150~200倍液在竹笋上喷雾，可有效控制该虫危害。

5.6.8　三星竹象虫 *Otidognathus davidis* Fair

鞘翅目象甲科鸟喙象属。

发生规律： 1年1代，以成虫越冬。一般在5~6月上旬成虫出土。主要危害斑竹、四季竹、苦竹等中后期出笋的竹种。这三种竹种发生三星象与同园中发生的一字竹象成虫出土相比较约延迟 20d 出土的成虫在竹笋上啄食笋肉补充营养，造成新竹上有多数虫孔，补充营养后，交尾产卵，在粗笋上产卵，细小型的竹笋上也产卵。见图 5-11。

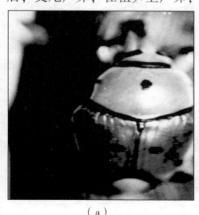

（a）　　　　　　　　　　　　　　（b）

图 5-11　三星竹象虫

（a）成虫　　（b）危害后的新竹

防治方法：参照一字竹象虫。

5.6.9　笋泉蝇 *Pegomyia phyllostachys* Fan

双翅目花蝇科。

形态特征：［成虫］体长 6.5~8.5mm，暗灰黄色，触角黑色，仅第 2 节端部有时为黄色，第 3 节约为第 2 节的 2 倍长。复眼紫红色，三角区为黑褐色。翅透明，翅脉淡黄色。腹部明显较胸部狭，侧面观腹与胸等长。中、后足腿节及胫节均为橙黄色，基节及跗节灰褐或棕黑色。［卵］乳白色，长圆筒形。［幼虫］体长约 10mm，黄白色，蛆形。头部尖细，末端呈截形。口器退化呈黑色钩状，老熟幼虫尾部变黑色。［蛹］深褐色，围蛹，形似腰鼓。见图 5-12。

（a）　　　　　　　　　　　　　（b）

图 5-12　笋泉蝇

（a）幼虫　　（b）成虫

危害情况：危害雷竹、毛竹、淡竹、刚竹、旱竹、石竹等，是笋期的主要害虫。被害竹笋腐烂、发臭，致使大量的竹笋成为退笋。

发生规律：1 年 1 代，以蛹在土中越冬。翌年 3 月中下旬成虫开始羽化。3 月下旬为雄虫出现高峰，雌虫则在 4 月中旬为羽化盛期。成虫喜好腥腐物（鱼肠、死蚯蚓）、笋汁、糖醋气味等。4 月中下旬陆续产卵。幼虫孵化后，蛀入笋内，经 10d 左右，笋组织发生腐烂、发臭。5 月中旬幼虫老熟，开始沿笋箨向上爬至顶部脱出落地，在笋周围 25cm 土壤内化蛹越冬。

防治方法：①诱杀成虫，防止成虫产卵。用糖醋、鱼肠、死蚯蚓、鲜竹笋等加少量敌百虫作饵料捕杀。②及早挖除虫害笋，杀死幼虫，减少入土化蛹的虫口密度。

5.6.10 沟金针虫 *Pleonomus canaliculatus* **Faldermann**

鞘翅目叩甲科，又名沟叩头虫、钢丝虫，是竹林的地下害虫。见图5-13。

（a） （b）

图5-13 沟金针虫

（a）幼虫 （b）成虫

危害情况：幼虫在土中取食竹鞭、竹箬头、竹笋芽，造成退笋或使笋不成竹，危害严重时，整片竹林毁坏。

发生规律：2~3年1代，以幼虫和成虫在土壤中越冬。越冬成虫于3月上旬开始活动，4月上旬为活动盛期。雌虫不能飞翔，行动迟缓，无趋光性。雄虫飞翔力较强，有趋光性。3月下旬至6月上旬为产卵期，卵产在土中3~7cm深处，卵经35~42d孵化为幼虫开始危害竹子，幼虫期长，直至第3年8~9月在土中化蛹，9月初开始羽化为成虫，当年不出土而越冬。

防治方法：①深翻土壤，精耕细作，破坏幼虫栖身场所。②将药剂拌成毒土均匀撒施或喷施于地面，然后翻入土中。药剂有5%好年冬颗粒剂或3%毒唑磷颗粒剂，每亩3~4kg。

5.6.11　竹线盾蚧 *Kuwanaspis phyllostachydis* Borchs et Hadzibejli

盾蚧科线盾蚧属。

形态特征：孵化初产卵橘黄色，近孵化为乳黄色。从卵壳裂口到若虫全部孵出，需 1~24h。卵壳极薄，膜质，白色，整齐地成双列纵向排列于介壳内。卵昼夜均能孵化。其孵化率第 1 代平均 96.0%，第 2 代 97.3%。初孵若虫从母介尾缝爬出。以 8：00~14：00 最多，出介若虫常在母介周围不停地爬行，0.5~5h 后在母介周围或先定居若虫旁集结固定，因而竹线盾蚧在竹秆上多呈点、片状群聚分布。大的虫群 5~10cm²，一般为（0.2~0.6）cm×（0.5~1.1）cm。居群虫口密度一般 100~300 头/cm²，密集处可达 400~500 头/cm²。若竹秆覆被地衣霉斑，则分散定居。

雌性 2 龄若虫：2 龄期的雌性若虫，介壳延伸 0.01cm 需 1~7d，随着发育生长，介壳渐形成纺锤形，原 1 龄若虫的介壳覆盖于前端，形成第 1 壳点。

雌成虫：雌性 2 龄若虫蜕皮后即为雌成虫，介壳前端出现第 2 壳点，此时介壳长 0.08~0.10cm，成虫继续发育，介壳向后延伸，一般 1~5d 延长 0.01cm，渐成为长条状椭圆形，直或微弯曲，若虫口稠密堆集，有的介壳弯曲成 30°~90°。

危害情况：主要危害雷竹、高节竹等笋用竹。以若虫在竹秆和竹枝上刺吸危害，受害竹子轻者枝桠枯死，重者整株枯死。见图 5-14。

发生规律：1 年 8 代，以雌成虫孕受精卵于 11 月下旬在贴于竹秆上的介壳中过冬。翌年 3 月下旬雌成虫产卵，卵经 7~10d 孵化，各代孵化盛期为发生期 4~11 月各月的上旬。

防治方法：①在 4~11 月的每月上旬用 2.5% 功夫乳油或 20% 速杀蚧乳油 1：1000 倍液竹冠喷雾防治。②4~11 月

图 5-14　竹线盾蚧危害情况

的每月中旬用5%吡虫啉乳油1∶2浓度，每株2mL在竹杆上竹腔注射防治。③清理严重受害竹予以烧毁，减少虫源。

5.6.12　卵圆蝽 *Hippotiscus dorsalis*（Stål）

半翅目蝽科卵圆蝽属。

形态特征：［成虫］体长13.5～15.5mm，宽7.5～8.0mm。卵圆形，体灰褐色，密布黑色刻点，具白粉。头钝三角形，前端缺口状。中叶短于侧叶。触角5节，黄褐色。复眼内侧有1光滑小区。前胸背板后部均匀隆起。小盾片末端有黄白色月牙形斑，无刻点。见图5-15。［卵］桶形，高1.4mm，直径1.2mm，淡黄色。卵块产，每块有卵8～28粒，以14粒为最多，呈两行交错排列。卵近孵化前，在卵一侧出现三角形黑线，中间被1黑线垂直分为2，在三角形两底角下方各有1椭圆形红点。［若虫］若虫5龄。5龄体长9.5～13.00mm，棕黄色，有黑色刻点。触角4节，灰黑色。翅芽黑色，从胝到翅芽为弧形，从中后胸侧缘到腹末有"V"字形黑斑。

危害情况：危害雷竹、毛竹、高节竹等，是竹子的一大害虫。以成虫、若虫在新、老毛竹、小杂竹的竹枝、秆箨环上下群集吸取汁液危害，虫口密度大时，造成大量枯枝或全株枯死。

发生规律：1年1代，以2～4龄若虫在地面落叶下越冬。翌年4月上中旬越冬若虫在晴天从竹基爬上竹秆直至小枝上开始取食危害，

图5-15　卵圆蝽成虫

5月底至6月上中旬成虫羽化，6月下旬开始产卵，7月下旬出现若虫。10月底至11月上旬越冬。

防治方法：①上竹后竹腔注射，用注射器注入30%乙酰甲胺磷乳油或50%杀螟松乳油，浓度1∶2，每株2mL剂量。或设置烟点放烟防治。②3月底4月初在卵圆蝽越冬若虫即将上竹前，用8%绿色威雷稀释150～200倍液，在1m以下的竹秆基部均匀喷雾1圈，或用4份黄

油 1 份乐果调匀后，涂刷在竹秆基部，宽 15~20cm，密封 1 圈，防效显著。

5.6.13　竹瘿广肩小蜂 *Aiolomorphua rhopaloides* Walker

膜翅目广肩小蜂科。

形态特征：［成虫］雌蜂体长 8~12mm，粗壮、黑色散生灰黄白色长毛，触角 10 节，上有白色细毛，产卵器不突出。雄蜂体长 7~10mm，与雌蜂相似，唯体较纤细，触角明显长于雌蜂，其上分布稍长的黑色刚毛。雌、雄蜂前胸背板方形，中胸盾纵沟深面明显，前翅具较明显的亚缘脉、后缘脉和翅痣。腹部长锥形。足黄色，附节 5 节（图 5-16）。［卵］长蝌蚪形，最粗处偏于一端，两端渐细成丝状，靠近粗端丝较短成 1 柄状，另一端丝较长，曲线状，其长度平均为 1.36mm，卵径最粗处为 0.16mm。［幼虫］体长 6~7.5mm，宽 1.2~1.8mm，体乳白色，口器黑褐色，整体遍生短绒毛。［蛹］长 5.8~7.0mm，宽 1.1~1.3mm，初化蛹时呈白色，近羽化时除足及腹面呈黄色外，均变为黑色。

图 5-16　竹瘿广肩小蜂成虫

危害情况：危害雷竹、高节竹、毛竹等，在竹子产区发生普遍。老竹受害最重，受害竹枝似"小炮仗"，在秋季虫枝渐渐变黄，落叶而枯，竹林生长衰退，产量下降（图 5-17）。

发生规律：1 年 1 代，以蛹在寄主虫瘿内过冬，翌年 2 月下旬成虫少量羽化。3 月上旬平均气温在 10℃ 以上成虫大量羽化，3 月底为羽化高峰期。羽化后的成虫就可交尾产卵，卵产在老竹上未木质化或待放叶的嫩枝腔内，1 嫩枝上产 1 粒卵，卵经 4~10d 孵化，孵化后的小幼虫在嫩枝腔内吸取竹肉汁液而生长发育。幼虫危害期长达 6 个月（3 上旬至 9 月上旬）。

防治方法：①3 月下旬成虫羽化高峰期用敌马烟剂每亩 500g 在清

（a）

（b）

图 5-17 竹瘿广肩小蜂

（a）成虫产卵 （b）危害小枝

晨或阴雨天无风条件下人工流动放烟或用 20% 速灭杀丁乳油 1：1500 倍液喷杀都有较好效果。②4 月下旬至 5 月上旬用 5% 吡虫啉乳油 1：3~1：5 倍在竹秆基部竹腔注射，每株竹注射 2mL 剂量。

5.6.14 竹泰广肩小蜂 *Tetramesa bambusae* Philips

膜翅目广肩小蜂科。

形态特征：［成虫］雌体长约 8.0mm，黑色，散生白色长毛。触角 10 节，黑褐色，每节上着生细刚毛。前胸背板前缘及两侧黄褐色。各足黄至黑褐色，跗节黄白至黄褐色。翅透明，脉淡黄褐色，被毛褐色。头梯形，横宽，上端宽于下端。复眼不大，突出，单眼排列呈钝三角形。雄体长约 6.0mm，与雌相似，唯体较纤细，触角上的刚毛黑色比雌性触角上刚毛长。［卵］肾形状，中间卵体部位乳白色，卵壳向两端渐成柄状，细端较短，粗端成卵丝长约 0.71mm，卵最粗处直径为 0.17mm。［幼虫］体长 5.5~6.0mm，宽 1.2~1.5mm，体乳白色，有短毛，口器黑褐色。［蛹］长 5.2~5.8mm，宽为 0.9~1.3mm，初化蛹时呈白色，近羽化时为黑色。

危害情况：主要危害雷竹、高节竹等笋用竹的嫩竹枝，在临安竹笋产区发生普遍。危害当年新竹嫩枝，受害竹枝形成多室虫瘿，严重影响竹子生长和产量（图 5-18）。

发生规律：1 年 1 代，11 月下旬老熟幼虫在寄主虫瘿内过冬，翌

（a）　　　　　　　　　　　　　（b）

图 5-18　竹泰广肩小蜂危害状

（a）危害新枝　　（b）危害小枝

年 4 月上旬起化蛹，4 月下旬羽化，5 月底羽化结束。羽化的成虫飞向当年正在抽枝放叶新竹上进行交尾，交尾后雌成虫寻找合适嫩枝产卵，将卵堆产或成行排列在嫩枝腔内，堆产往往产在腔节处。卵经 7~10d 孵化，初孵幼虫在嫩竹枝腔内吸食竹肉汁液，并逐渐移动扩散，随着虫龄增大，食取竹肉组织量增加，受害嫩枝开始逐渐肿胀，形成虫瘿，1 个虫瘿分成 3~7 个虫室，1 个虫室 1 条幼虫，虫室相间明显。幼虫自 5 月上中旬开始危害直到 11 月下旬渐趋老熟越冬，危害期长达 6 个月之多，秋季被害小枝枯黄而落叶。竹泰广肩小蜂在老竹上分布少、发生轻，在新竹上分布多，发生重。

防治方法：①5 月上旬选择阴天或清晨无风条件下用敌马烟剂每亩 500g 人工流动放烟，或用 20%速灭杀丁乳油 1∶1500 倍液喷雾，防治成虫。②6 月用 5%吡虫啉乳油 1∶3 倍在竹秆上竹腔注射，每株 2mL 剂量防治幼虫。

5.6.15　华竹毒蛾 *Pantaha sinica* Moore

鳞翅目毒蛾科竹毒蛾属。见图 5-19。

形态特征：［成虫］华竹毒蛾体具三型（雄虫冬型、夏型、雌虫型）：雌成虫体长 12~15mm，翅展 36~39mm，翅灰白色。触角短双栉齿状，主干黄色，栉齿黑色。复眼黑色，下唇须棕黄色。前翅黄白色，后翅乳白色、无斑。越冬代雄成虫体长 11~13mm，触角长双栉齿状，

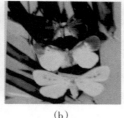

（a）　　　　　　　　　　　（b）　　　　　　　　　　　（c）

图 5-19　华竹毒蛾及其危害状

（a）幼虫　　（b）成虫　　（c）危害竹叶状

黑色。复眼黑色，下唇须锈黄色。前翅前缘及由中线到外缘部分全为黑色或灰黑色。在与雌成虫前翅同等位置处有 4 个深黑色斑，余为白色。后翅白色，翅基及顶角偶为暗灰色，足腿节、胫节上方为灰黑色，下方为白色。［卵］略呈柱形，高 0.8mm，宽 0.9mm，灰白色。顶部较平，中央略凹陷，周围有一浅褐色的圆环，下部渐圆。［幼虫］初孵幼虫体长 2.5mm，淡黄色，有黑色毛片。前胸侧毛瘤有黑色长毛两束。老熟幼虫体长 22~30mm，黄褐色。前胸两侧毛瘤突出较长，着生两束向前伸出的黑色长毛。气门白色，腹部 1~4 节，背面有 4 排棕色刷状毛。各节侧毛瘤及亚腹线毛瘤均着生短毛丛，尾节背面有一束向后竖起的黑色长毛，基部具红色短毛丛。［蛹］体橙黄色，雌体 16~19mm，雄体 11~14mm。

危害情况： 危害毛竹为主，幼虫取食竹叶在大虫口时可将竹叶食尽，被害竹可枯死，出笋量下降，竹材质量降低。幼虫体被毒毛，触及人皮肤会引起红肿痒痛。

发生规律： 1 年 3 代，以蛹于薄茧中越冬。各代成虫发生期分别为 4 月下旬至 5 月下旬、6 月中旬至 8 月上旬、8 月中旬至 9 月下旬。各代幼虫危害期分别为 5 月上旬至 7 月中旬、7 月上旬至 9 月上旬、9 月中旬到 12 上旬。卵产于竹秆中下部，以距地面高 1m 左右处产卵最多，呈单行排列。第 2 代幼虫在夏天有下地避暑、第 3 代幼虫在秋冬季有下地避寒的习性。茧（包括越冬茧蛹）结在叶上外，多结于竹秆中下部秆壁上、基部笋箨中或石头、枯枝落叶下。

防治方法： ①用频振式杀虫灯在成虫羽化期诱杀成虫，降低虫口。

②利用第 2~3 代幼虫发生期具有避署、避寒的习性，在竹秆中下部适时用 8% 绿色威雷 150~200 倍液喷雾竹秆 1 圈，形成 1.5m 宽的毒环，杀死下竹的华竹毒蛾幼虫。

5.6.16　刚竹毒蛾 *Pantana phyllostachysae* Chao

鳞翅目毒蛾科竹毒蛾属。

形态特征：［成虫］雌成虫体长 13mm，翅展约 36mm。体灰白色，复眼黑色，下唇区黄色或黄白色，触角栉齿状，灰黑色。胫板和刚毛簇淡黄色。前翅淡黄色，前缘基半部边缘黑褐色，横脉纹为一黄褐色斑，翅后缘接近中央有一橙红色斑，缘毛浅黄色。后翅淡白色，半透明。雄蛾与雌蛾相似，但体色较深，翅展约 32mm。触角羽毛状。前翅浅黄色，前缘基部边缘黄褐色，内缘近中央有一橙黄色斑，后翅淡黄色，后缘色较深，前后翅反面淡黄色。足浅黄色，后足胫节有 1 对距。［卵］鼓形，边缘略隆，中间略凹。白色，具光泽。直径约 1mm，高约 0.9mm。［幼虫］初孵幼虫长 2~3mm，灰黑色，老熟幼虫体长 20~22mm，淡黄色。具长短不一的毛，呈丛状或刷状。前胸背面两侧各有 1 束向前伸得灰黑色丛状长毛，1~4 节腹部背面中央有 4 簇橘黄色刷状毛，第 8 腹节背面中央有一簇橘黄色刷状毛，腹部末节背面有 1 束向后伸得灰黑色丛状长毛。［蛹］体长 9-14mm，黄棕或红棕色，体各节被黄白色毛，臀棘上有小钩 30 余根，共成 1 束。［茧］长椭圆形，长 15mm，丝质薄，灰白色，附有毒毛。见图 5-20。

(a)　　　　　　　　　　　　(b)

图 5-20　刚竹毒蛾

（a）幼虫　（b）成虫

危害情况：和华竹毒蛾一样，主要危害毛竹。以幼虫取食竹叶，大发生年代可将竹叶吃光，引起竹子枯死，影响下年度竹笋产量，导致竹林衰败。

发生规律：1年3代，以卵和1、3龄幼虫于11月在竹叶背越冬，翌年3月中旬越冬幼虫开始活动，越冬卵也陆续孵化，到4月上中旬孵化完毕。幼虫有假死性，遇惊即卷曲身体，弹跳坠地。茧多结在竹秆上。成虫有较强趋光性。卵成条块产于竹冠中下层、竹叶背面或竹秆上。刚竹毒蛾多发生在山洼背阴处。各代幼虫危害期为3月中旬至6月上旬、6月下旬至8月上旬、8月中旬至10月上旬；各代成虫期为5月下旬至7月上旬、8月、10月上旬至11月上旬。

防治方法：①在成虫期灯光诱杀。②在幼虫期选择阴雨天或早晨、傍晚无风条件下用敌马烟剂设点放烟防治，每亩1~2kg药剂，效果很好。

5.6.17　竹疹病

又名竹黑痣病、叶肿病。

病原：子囊菌亚门球壳菌目疔座霉科的黑痣菌属 *Phyllachora* spp. 侵染所致。常见的有竹园黑痣菌 *Phyllachora orbicula* Rehm.、白井黑痣菌 *Phyllachora shiraiana* Syd.、竹中国黑痣菌 *Phyllachora sinensis* Sacc.。

症状：危害叶子，在叶子正面出现淡黄色小点，后扩大呈椭圆形或梭形状病斑，呈橙黄色至橙红色，后期在病斑中央产生1个黑色漆状隆起物，呈圆形、椭圆形或纺锤形，即病菌的子座。其外围有明显的黄色或橙红色变色圈，在同一叶上，可产生几个至数十个黑色漆状隆起物（图5-21）。

发生规律：病菌以菌丝体或子座在病叶中越冬。翌年4~5月子实体成熟，释放孢子堆，靠风雨传播。竹冠基部叶先发病，逐渐向上扩展蔓延。一般溪边、河边密度较大的竹林发病较重；荒芜的、砍伐不合理的竹林发病重；雷竹、高节竹发病严重。

防治方法：①加强竹林抚育管理，合理砍伐，使竹林生长健壮，增强抗病力。②在4~5月子囊孢子释放期，用30%稻病宁可湿性粉剂的600~800倍液或25%三唑酮可湿性粉剂的500~600倍液喷雾，1周

（a） （b）

图 5-21 竹疹病危害状

（a）竹叶 （b）竹株

1 次，连喷 3 次。

5.6.18 梢枯病

病原： 暗孢节菱孢菌 *Arthrinium phaeospermum* Yu.，属半知菌亚门丝孢纲节菱孢属。

症状： 该病危害当年新竹。病菌从主梢、枝梢节叉处和竹秆侵入，后为点状、条状、梭形或不规则状的黄色病斑，病斑不断扩大，颜色加深，由黄色变成紫色，由紫色逐渐变成紫褐色至黑褐色，再进一步扩展，轻的引起枝枯、梢枯，扩展速度快的导致全株枯死，不久叶子枯白萎蔫。

发生规律： 病菌以菌丝体在病组织中越冬，一般 4 月孢子开始成熟，5 月上旬至 6 月上旬新竹放枝展叶时，分生孢子主要借风传播，从伤口或直接侵入，8 月开始发病，9~10 月是高峰期，一般土壤肥力高，发病重，由石灰岩发育来的土壤发病重。在同一片竹林中，高节竹发病最重，雷竹、尖头青发病其次，红壳竹高度抗病。竹林密度大，发病严重。5~6 月放枝展叶期，雨水多，7~8 月干旱，病害严重。

防治方法： ①在每年的冬季或早春把病枝、病梢、病株清出林外，集中烧毁，减少侵染源。②在病菌侵入期（即 5 月下旬至 6 月上中旬）用 50% 多菌灵可湿性粉剂或 70% 的甲基托布津可湿性粉剂 800~1000

倍的浓度隔 1 周喷 1 次，连喷 3~4 次，可取得良好的防治效果。

5.6.19　丛枝病

竹丛枝病又名雀巢病、扫帚病。

病原：由子囊菌亚门核菌纲球壳菌目麦角菌科疣座菌属的丛枝疣座菌 *Aciculosporium take*（Miyake）Hara = *Balansia take*（Miyake）Hara 引起。

症状：病枝细长衰弱，叶形变小，节数增多，节间缩短，小枝顶端长出几片新叶，后小枝上长出无数侧枝，年复一年侧枝增多，形似扫帚状。4、5 月病枝端叶鞘内产生白色米粒状物。5 月底至 6 月上中旬，白色米粒状物逐渐成熟。9、10 月的秋梢端部也会产生白色米粒状物。冬天病丛枝端枯死较多，促使第 2 年产生更多的丛生小枝。历史性重病株，可导致全株枯死。见图 5-22。

发生规律：病菌以菌丝体潜伏在活的丛枝或芽叶内越冬。翌年春秋二季产生分生孢子。主要靠雨滴飞溅传播，有性孢子靠气流传播，或者是随着有病母竹远距离调运传播。健枝被病菌侵染，当年即可产生丛枝。老竹林、郁闭度大，不通风透光的竹林，或者低陷处，溪

图 5-22　丛枝病危害竹枝

沟边，湿度大的竹林利于病害发生。抚育管理差的竹林发病较常见。

防治方法：①按年龄大小及时合理砍伐，并进行松土、施肥，以促进竹林生长旺盛，减少病害发生。②在每年的 3 月底至 4 月初，9 月，及时剪除病枝，重病株连根挖除，并集中烧毁。同时用 20% 三唑铜乳油 1：500 倍液喷雾，每周 1 次，连喷 3 次，效果明显。

5.6.20　竹叶锈褐斑病

该病主要危害雷竹、早竹、高节竹、毛竹等竹种，引起大量落叶。

是螨类危害引起的。

病原：竹叶锈褐斑病是由叶螨科裂爪螨属竹裂爪螨 *Schizotetranychus bambusae* Reck. 引起。

症状：该病危害叶子，主要在叶子反面或叶柄处危害，受害叶子正面初期呈白色小斑点，最后为锈褐色。在叶背结白色丝网，严重时造成大量叶子呈锈褐色枯黄、脱落。可侵染成竹、幼苗，叶上不产生坏死性病斑，而在叶背面产生黄褐色突起的孢子堆；叶片褐色、失绿，严重时叶片萎蔫、卷曲、下垂、生长不良。见图5-23。

（a）　　　　　　　　　　　　　　　（b）

图5-23　竹叶锈病危害状

（a）竹叶　（b）竹林

发生规律：竹裂爪螨1年发生多代，11月下旬主要以成螨在叶背白色丝网中越冬，翌年3月上中旬开始产卵，世代重叠，7~11月高温干燥，竹裂爪螨取食活动、繁殖速度剧增，病害严重发生。

防治方法：①5月在新竹放枝展叶前，选择阴雨天或黎明和傍晚之际，用敌马烟剂1~2kg/亩放烟，效果较好。②采用竹腔注药法，药剂可选用10%吡虫啉可湿性粉剂，浓度为2~3倍，剂量为每株注射2~5mL。

5.6.21　煤污病

危害叶子和小枝，竹叶的表面和小枝上覆盖着黑色的煤层物，阻碍竹子的光合作用和呼吸机能，使得竹子生长衰弱。

病原：主要由子囊菌亚门核菌纲小煤炱目小煤炱科的刚竹小煤炱 *Meliola hpyllostachydis* Yamam. 和竹光壳小煤炱菌 *Dimerina bambusicoda*

Yu. 引起。

症状：开始时在竹叶或小枝上产生圆形或不规则形，黑色丝绒状的煤点，后蔓延扩大，至使竹叶正反面、叶鞘及小枝上均布满黑色厚厚的烟煤状物，即病原菌的菌丝和子实体。严重时枝叶黏结，竹叶发黄、脱落。煤污层的枝叶上，常见竹蚜虫和介壳虫的危害（图5-24）。

 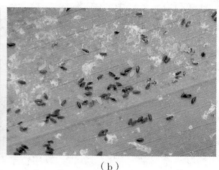

（a） （b）

图5-24　蚜虫危害状

（a）危害竹叶背面　（b）蚜虫

发生规律：病菌以菌丝体或子囊果在病叶上越冬。翌年春季，产生子囊孢子，子囊孢子借风雨、昆虫传播。病害的发生早迟及流行的程度与蚜虫、介壳虫的发生、活动情况及立地条件有关。一般春季比秋季发生重，密林比疏林发生重。蚜虫、介壳虫多，病害发生也重。

防治方法：①治病先治虫是一个根本措施。当有蚜虫、介壳虫发生时应在其初孵若虫期用5%吡虫啉乳油或55%水稻用可湿性粉剂1：1000~1500倍液喷雾防治，就可控制病害继续流行。②合理砍伐、留养竹子，使得竹林通风透光，降低湿度，可减少病害发生。

参考文献

陈琬盈，李江，郑育桃，等，2015. 3 种膳食纤维的抗氧化活性及主要吸附能力的比较研究 ［J］. 中国酿造，34（1）：99-104.

陈志强，陈志彪，白丽月，等，2018. 南方红壤侵蚀区芒萁的生长特征与生态恢复效应 ［M］. 北京：科学出版社.

方伟，何祯祥，黄坚钦，等，2001. 雷竹不同栽培类型 RAPD 分子标记的研究 ［J］. 浙江林学院学报，18（1）：1-5.

高贵宾，潘雁红，吴良如，等，2015. 不同覆盖栽培年限雷竹林生物量分配格局研究 ［J］. 江西农业大学学报，37（4）：663-669.

何均潮，1998. 雷竹覆盖八大技术问题 ［J］. 浙江林业，30（2）：22-2.

何钧潮，金爱武，周聘，2002. 笋用竹丰产培育技术 ［M］. 北京：金盾出版社.

何园球，孙波，等，2008. 红壤质量演变与调控 ［M］. 北京：科学出版社.

胡德敏，2014. 生态线雷竹栽培技术 ［J］. 北京农业，605（12 月下旬刊）：80-81.

胡国良，俞彩珠，华正媛，等，2005. 竹子病虫害防治 ［M］. 北京：中国农业科学技术出版社.

黄超钢，汪爱君，陈军，等，2012. 雷竹覆盖技术的应用 ［J］. 世界竹藤通讯，10（3）：23-25.

蒋林时，刘立行，齐娜，2004. 非完全消化——火焰原子吸收光谱法测定大米及小米中镁锌 ［J］. 哈尔滨师范大学学报（自然科学），20（6）：82-84.

金爱武，等，2019. 毛竹定向培育技术 ［M］. 北京：中国农业出版社.

李庆逵，1983. 中国红壤 ［M］. 北京：科学出版社.

刘丽，陈双林，2009. 有机材料林地覆盖对雷竹林生态系统的负面影响研究综述 ［J］. 广西植物，29（3）：327-330.

马乃训，赖广辉，张培新，等，2014. 中国刚竹属 ［M］. 杭州：浙江科学技术出版社.

孟赐福，沈菁，姜培坤，等，2009. 不同施肥处理对雷竹林土壤养分平衡和竹笋产量的影响 ［J］. 竹子研究汇刊，28（4）：11-17.

邵香君，周菊敏，童志鹏，等，2017. 麦灰和砻糠用量与用法对雷竹林地土壤温度及笋产量的影响 ［J］. 世界竹藤通讯，15（3）：42-46.

佘远国，江雄波，肖创伟，等，2013. 雷竹覆盖栽培技术 [J]. 经济林研究，31（4）：198-202.

佘远国，肖创伟，杨裕振，等，2017. 立竹密度和竹龄结构对覆盖雷竹竹笋产量的影响 [J]. 经济林研究，35（3）：64-67.

孙波，等，2011. 红壤退化阻控与生态修复 [M]. 北京：科学出版社.

王波，汪奎宏，李琴，等，2012. 地面覆盖对毛竹生长影响的初步研究 [J]. 世界竹藤通讯，10（1）：20-22.

王伯仁，李冬初，周世伟，等，2015. 红壤质量演变与培肥技术 [M]. 北京：中国农业科学技术出版社.

王海霞，2016. 江西竹产业发展现状与对策：基于江西5个毛竹之乡的调查分析 [J]. 世界竹藤通讯，15（2）：43-46.

王海霞，程平，曾庆南，等，2009. 竹腔施肥对毛竹笋中重金属及微量元素的影响研究 [J]. 湖北林业科技（3）：14-15，17.

王海霞，程平，曾庆南，等，2018. 江西省9个种源方竹笋营养成分分析 [J]. 世界竹藤通讯，16（4）：40-42.

王海霞，彭九生，程平，等. 2015. 几种覆盖材料对雷竹林地土壤增温效果研究 [J]. 世界竹藤通讯，13（4）：9-12.

王海霞，彭九生，曾庆南，2012. 江西省毛竹笋矿质元素含量区域分异性研究 [J]. 世界竹藤通讯，10（2）：9-12.

王海霞，彭九生，曾庆南，等，2012. 江西毛竹笋营养品质区域分异性研究 [J]. 竹子研究汇刊，31（4）：22-25.

王海霞，彭九生，曾庆南，等. 2016. 几种覆盖材料对红壤区雷竹笋增产效果研究 [J]. 世界竹藤通讯，35（1）：30-34.

王海霞，曾庆南，程平，等，2017. 江西省雷竹产业发展现状与对策 [J]. 世界竹藤通讯，15（4）：54-58.

王海霞，曾庆南，程平，等，2018. 雷竹10个种源（类型）引种试验初报 [J]. 世界竹藤通讯，16（3）：11-14.

王海霞，曾庆南，程平，等，2019. 覆盖时机对雷竹笋期和产量的影响 [J]. 世界竹藤通讯，17（6）：31-34.

王明珠，姚贤良，张佳宝，等，1997. 低丘红壤区伏秋旱的成因、特征及抗旱体系的研究 [J]. 自然资源学报，12（3）：250-255.

吴林，2019. 雷竹林地覆盖对竹笋产量的影响 [J]. 福建林业科技，40（3）：109-112.

徐天森，王浩杰，2004. 中国竹子主要害虫［M］. 北京：中国林业出版社.

杨洁，等，2017. 江西红壤坡耕地水土流失规律及防治技术研究［M］. 北京：科学出版社.

杨明，艾文胜，孟勇，等，2012. 毛竹林覆盖技术研究［J］. 湖南林业科技，39（5）：39-42.

易同培，史军义，马丽莎，等，2008 中国竹类图志［M］. 北京：科学出版社.

尹卓容，1987. 竹笋的营养及其他［J］. 食品科学，8（1）：30-31.

张柯柯，沈振明，何均潮，等，2016. 临安市雷竹林经营状况调查与分析［J］. 福建林业科技，43（3）：239-244.

张有珍，何钧潮，郑惠君，2011. 肥料种类及施肥深度对覆盖雷竹林的影响［J］. 浙江林业科技，31（3）：40-43.

赵仁友，2006. 竹子病虫害防治彩色图鉴［M］. 北京：中国农业科学技术出版社.

浙江省林业厅，2009. 图说食用笋竹高效安全栽培［M］. 杭州：浙江科学技术出版社.

钟敏，戎静，庄舜尧，等，2011. 不同种植年限雷竹林土壤有机氮的矿化［J］. 浙江农业科学，310（1）：55-58.

周玉敏，2014. 雷竹产业发展探析［J］. 中国林副特产，133（6）：94-96.

朱石麟，马乃训，傅懋毅，1994. 中国竹类植物图志［M］. 北京：中国林业出版社.